U0163308

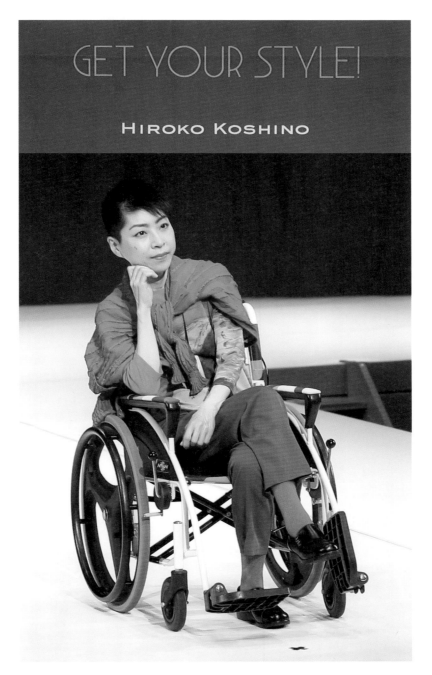

小筱弘子服装秀"GET YOUR STYLE！"
照片提供：小筱弘子股份有限公司

小筱弘子服装秀"GET YOUR STYLE！"
照片提供：小筱弘子股份有限公司

患有阿佩尔氏综合症的儿童。照片提供：tenbo 设计事务所

使用轮椅的男性。照片提供：tenbo 设计事务所

见寺贞子的"温故创新"服装作品。摄影：深尾绘莉子

见寺贞子的"温故创新"服装作品。摄影：深尾绘莉子

见寺贞子的"温故创新"服装作品。摄影：森田彩香

GUCCI 2020ss 中性化服饰
照片提供：f 计划 /steve wood 股份有限公司

MARINE SERRE 2020ss，以可持续发展为主
题的服装

MAX MARA 2017–18aw 服装（聘用难民模特）

SIMONE ROCHA 2020ss 服装（聘用老年模特）
照片提供：f 计划 /steve wood 股份有限公司

Platium Collection 2019

照片提供：京都 Platium Collection。执行委员：山岸加代、Mee、山田 Miyuki。摄影：深尾绘莉子

图 1 色相环（曼塞尔颜色系统）。资料提供：
日本色研事业株式会社（股份有限公司）

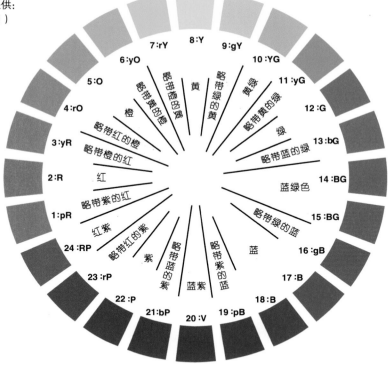

图 2 色相环中的色相定位。资料提供：
日本色研事业株式会社（股份有限公司）

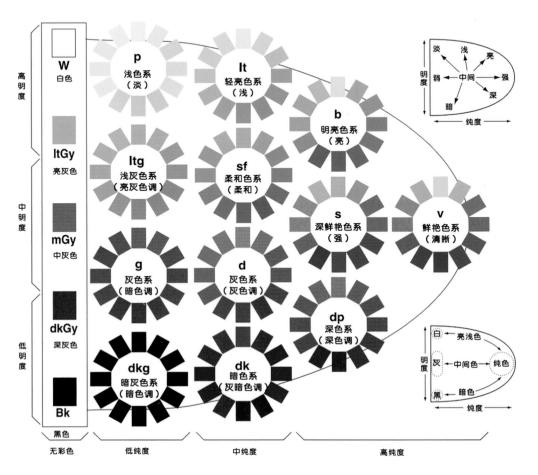

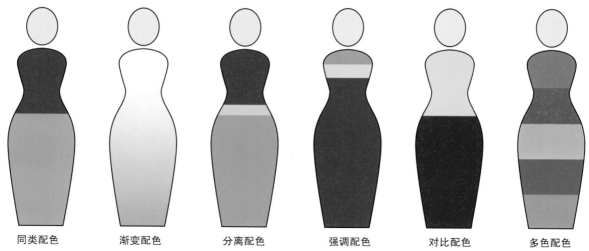

同类配色　　渐变配色　　分离配色　　强调配色　　对比配色　　多色配色

图 3　常用配色方法。资料提供：日本色研事业株式会社（股份有限公司）

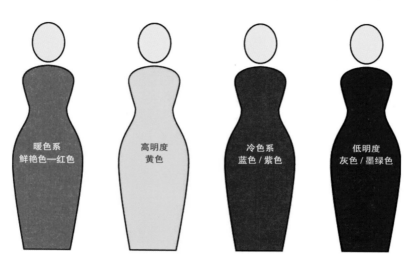

暖色系
鲜艳色—红色

高明度
黄色

冷色系
蓝色 / 紫色

低明度
灰色 / 墨绿色

图 4　前进色 / 膨胀色。高明度的明亮色
或暖色系，醒目，显得较大

图 5　后退色 / 收缩色。低明度的暗色或冷
色系，视觉效果不明显，显得较小

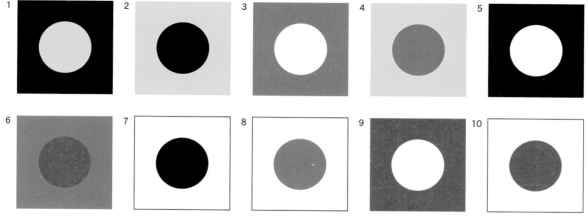

图 6　颜色识别度的顺序
（来源：日本时尚教育振兴协会编的《服饰设计》，1996 年）

UNIVERSAL
FASHION

通用时装设计

（日）见寺贞子 著 · 朱达辉 詹瑾 译

東華大學出版社·上海

图书在版编目（CIP）数据

通用时装设计 /（日）见寺贞子著；朱达辉，詹瑾
译. —上海：东华大学出版社，2024.4
ISBN 978 - 7 - 5669 - 2358 - 5

Ⅰ. ①通… Ⅱ. ①见… ②朱… ③詹… Ⅲ. ①服装设
计 Ⅳ. ①TS941.2

中国国家版本馆 CIP 数据核字（2024）第 080199 号

本書は、2023 年度神戸芸術工科大学特別経費を受けて刊行されたものである。
（本书是由 2023 年度神户艺术工科大学特别经费支持出版）

责任编辑：谭　英
封面制作：Marquis

通 用 时 装 设 计
Tongyong Shizhuang Sheji

（日）见寺贞子 著 · 朱达辉 詹瑾 译

出　　　　版：东华大学出版社（地址：上海市延安西路 1882 号　邮政编码：200051）
本 社 网 址：http://dhupress.dhu.edu.cn
天猫旗舰店：http://dhdx.tmall.com
营 销 中 心：021-62193056　62373056　62379558
印　　　　刷：上海万卷印刷股份有限公司
开　　　　本：787mm×1092mm　1/16
印　　　　张：9.75
字　　　　数：262 千字
版　　　　次：2024 年 4 月第 1 版
印　　　　次：2024 年 4 月第 1 次印刷
书　　　　号：ISBN 978 - 7 - 5669 - 2358 - 5
定　　　　价：59.00 元

序一

"Universal Fashion"（通用时尚）是一个自 1995 年左右开始在日本流行起来的词汇。

日本于 1994 年进入了老龄社会。目前,日本 65 岁及以上的人口约为 3 588 万人(根据日本总务省统计局 2019 年 9 月 15 日数据),几乎每 4 人中就有 1 人是老年人,老龄化率位居世界前列。未来,高龄化将进一步蔓延至亚洲其他地区和发展中国家。截至 2023 年末,根据中国国家统计局所提供的数据,中国 65 岁及以上人口有 21 676 万人,占全国人口的 15.4%,积极应对老龄化进程成为当务之急。

在这样的社会背景下,时尚产业依旧以年轻人的潮流时尚为主导,却忽略了老年人对时尚的需求。然而,时尚的本质在于提升人们生活的舒适感和乐趣。

通用时尚旨在促成一个无论年龄、性别、国籍、体型、尺寸、残障与否,让"全体居民"都能享受时尚快乐的社会环境。书中所涉及的对象是未来可能会进一步增加的老年人和残障人群。世界卫生组织(WHO)将 65 岁及以上的人群定义为老年人,这种年龄段的划分方式也适用于世界各国的各种制度。然而,即便是 65 岁及以上的人群,仍然存在个体差异。"团块世代"(1947—1949 年出生的人)是推动 20 世纪 60 年代日本经济腾飞的主要力量,具有丰富的时尚潮流经验,并对时尚抱有浓厚的兴趣。然而,随着年龄增长,身体功能下降,对于着装的要求更多地集中在方便、亲肤、合身等服装的基本需求上。然而,要找到符合这些需求的款式依然十分困难,像过去一样享受时尚的机会更是少之又少。

将"Universal Fashion"作为我终身事业的契机,始于 1995 年发生的"阪神大地震"。作为一名在企业中工作的时尚专员,一直从事向人们传递时尚与乐趣的工作,但当地震袭来,却发现平日所着所用的服饰、鞋子、箱包等,没有任何一样能够应对地震。其中受灾影响最为严重的是老年人和残障人群。而此时,本应保护身体的"时尚"却毫无用处。而这段地震受灾的经历,促使我开始思考如何提供既时尚又能保护身体的功能性时尚。

另外,彼时的日本也开始步入老龄社会的背景,也让我对研究被认为与时尚相去甚远的老年人与残障人士的时尚产生了浓厚的意愿。

从那时起已过去了 25 年,我自己也步入了老年人的行列。

本书延续了前作《Universal Fashion——每个人都能享受的服装设计提案》中提出的基本理念,同时对内容进行了更新,以反映当今社会的情况,并推出了新版。本书的中文书名经商讨后最终定为《通用时装设计》,但其内容更为广泛地包含了与服装相关的配饰、搭配方法等。

自上一部著作出版至今已经过去了 18 年，"Universal Fashion 已成为老年人和残障人士身心健康不可或缺的维生素"的事实，也在研究和社会活动中逐渐显现出来。

本书介绍了关于"Universal Fashion"目前的状况和可能性，提供了教育、研究以及"产官学民"融合的具体案例，并将受众扩展到包括残障儿童、癌症患者以及认知障碍患者等范围。

衷心希望本书能成为更多人生活中的活力源和生活乐趣，并成为他们迈向更好生活方式的起点。

本书的出版得益于风间健先生、丹田佳子先生以及神户艺术工科大学的众多教职员工和学生们的支持，以及推动"Universal Fashion"活动的合作伙伴们的大力协助，才得以完成。在此，我要向各位表示衷心的感谢。同时，在本书的出版过程中，也要特别感谢纤研新闻社的山里泰先生、设计师原敏行先生、时尚插画家郑贞子先生以及电影导演田中幸夫先生的辛勤努力和支持。

另外，衷心感谢东华大学朱达辉老师、北京化工大学詹瑾老师以及东华大学出版社的谭英老师，对本书在中国的顺利出版所给予的大力支持和帮助。

最后，在此向已故的神户艺术工科大学首任校长 吉武泰 先生、名誉教授土肥博至先生、已故的 佐佐木熙 先生、田中直人先生以及相良二朗先生致以诚挚的感谢，他们在引导我理解艺术工学思维方式方面提供了宝贵的指导。

见寺贞子
2024 年 4 月 于神户

序二

初识见寺贞子教授是在2017年第三届上海中高龄时尚服饰国际会议和中高龄国际时尚服饰展上,我受邀也作了论坛讲座。见寺教授有关通用性服饰设计的渊博学识与专业见解,让我印象深刻。见寺贞子教授与通用服饰设计理念相遇的契机,要追溯到1995年的"阪神大地震"。走在被地震侵袭后的街道上,她发现从服装的角度看,老年人与儿童、残疾人和外国人受自然灾害的影响最大。由此,她开始反思"时装对人类的意义"这一问题。

在设计理论中,"无障碍设计"概念始于欧洲建筑学界,它指运用现代技术建设和改造环境,为弱势人群中的残疾人士出行提供方便、安全的空间,创造一个"平等、参与"的环境。而"人性化设计"是当代产品设计的一个新理念,提出设计在保持结构科学与功能合理的基础上,重视满足人的情感需求,展现弱势人群的人文关怀。"通用设计"从无障碍设计演变而来,意在拓宽产品设计本身寻求提高产品至整个环境的通用性,又能满足使用者的情感需求。见寺贞子教授立足通用设计理论,对弱势人群服饰设计展开研究,提出"通用时尚"并形成理论体系。她历时几十载,围绕通用时尚研究,矢志不渝,旨在促成一个无论年龄、性别、国籍、体型、尺寸、残障与否,让全体使用者都能享受时尚快乐的社会环境。见寺贞子教授的成就与贡献是有目共睹的。

几年前,有幸在神户艺术工科大学拜访了见寺贞子教授。这次见面,我与她进行了深入的交流,还获受她的专著《通用时尚—每个人都能享受的服装设计提案》一书。时尚科技与智能服装研究是我研究方向之一,主要涉及中老年功能服装和智能可穿戴服饰产品研究领域,通用服装理论使我受益匪浅。令我感动且印象深刻的是,见寺贞子教授说"日本是老龄化较早的国家,地震等自然灾害频发,在老年人与残障人士通用服装设计领域积累了一些前期经验。中国是人口大国,未来也会步入老龄化社会,她愿意奉献自己的研究成果,让更多的人得益"。这也是本书在中国出版的缘由。

本书是基于《通用时尚—每个人都能享受的服装设计提案》一书的新版,为功能时尚创新设计提供了新方法。除了爱好服装设计人士,还适合学习服装设计专业学生作为教材使用。

恰逢见寺贞子教授荣退之时,本书得以出版。以此,向见寺贞子教授致敬!

同时,感谢詹瑾老师在翻译工作中的辛勤付出!感谢谭英老师在出版工作中的全程支持!

朱达辉

2024年4月 于上海

目录　Contents

UNIVERSAL FASHION

第1章

设计与时代同步

人们适应着社会环境的变化,生活在波谲云诡的时代中。"设计物"几乎占据了人们生活环境的方方面面。所谓"设计"可以理解为:为了提高人们生活质量、营造舒适生活而进行的凝结了人类智慧的造型活动。接下来让我们一同思考能够体现时代背景和反映社会问题的设计方式。

1.1　对预期社会环境的回应

1.1.1　造物（设计）的历史

随着时间的推移，人们的生活不断地因技术的进步而发生重大变化。特别是近年来信息技术的发展，推动了新的网络和社群的形成，给人们的生活方式带来了巨大的变革。

在适应自然环境的过程中，人类逐渐展现出了独特的创造性天赋，创造出各种各样的工具，并学会运用这些工具进行物品的制造，从而极大地提高了人们的生活品质并建立了社会共同体。

从以狩猎为中心的游牧生活逐渐演变为以农耕为主的生活方式，并兴建房屋，形成了与家人和同伴共同生活的定居社会。在这个定居社会中，人们提出了买卖制度的概念，创造了将生产者和消费者之间的物品高效流通机制，由此催生了现代社会的基石——产业社会。

飞机、火车、汽车等交通工具的进步，使人们能够在短时间内轻松移动到其他地区，而人造卫星的问世改变了以往对空间的认知。迅猛发展的信息技术实现了全球信息同频，创造了便捷的交流环境。这一切都是人类致力于通过推动先进技术的发展来追求更加舒适的生活环境的成果。

人们的生活正迅速沿着前所未有的信息化和国际化道路发展。人类的创意不仅在技术和生产方式上取得了突破，在时间和空间上也不断超越，持续发展。这不仅改变了技术和生产方式，也在很大程度上重塑了人们的生活方式和价值观。

因此，人们的生活不仅是制造的历史，还可视为设计的历史（详见附录）。未来，更需要深入地研究设计在人们生活中的意义，并进一步探讨以何种视点支持和丰富人们的日常生活。

照片1-1　连接全球的信息化社会

1.1.2　促进可持续发展型社会的举措

近年来，在以发达国家为主导的经济全球化背景下，为实现人类共生共存的和谐社会环境，世界各国都在重新审视生产与消费的现状与模式，并寻求可持续性发展的良策。

可持续发展社会，是一种在保护地球与自然环境，且不对后人所需造成损害的前提下，能够提高当代人生活质量的一种社会发展模式。工业革命后，在人们物质生活得到丰富和方便的同时，地球环境遭到了严重的破坏。温室气体排放量的不断增加，引起气温升高等一些列全球变暖或异常的气候现象，也导致世界各地遭遇了严重的自然灾害。此外，水、空气和土壤被弥漫在环境中的有害物质所污染；而无计划、不合理的大规模开采和消费不仅破坏了环境，也因争夺越来越稀缺的矿物等资源，引起了冲突与饥荒，并导致地球上生物多样性[①]的急剧减少。

①　生物多样性：指地球上所有的动物、植物和微生物及其所构成的综合体。

长期以来,大规模生产与消费过剩的经济增长模式产生了巨大的浪费与废弃物,对海洋和大气造成了沉重的负担。抑制全球气候变暖,已成为人类面临的重大课题。

鉴于上述情况,2015年9月,联合国成员国在峰会上正式通过了17个可持续发展目标 SDGs(Sustainable Development Goals),呼吁所有国家行动起来,旨在促进经济繁荣的同时保护地球的可持续性发展(图1-1)。

 消除贫困:消除全世界一切形式的贫困。

 经济适用与可持续供应的清洁能源:确保人人都能享有低负担、可信赖及可持续的现代形能源。

 就气候变化采取具体行动:采取紧急措施和行动以应对气候变化及其影响。

 消除饥饿:消除饥饿,实现食品贫富、改善营养状况促进可持续农业发展。

 就业与经济增长:促进持久、包容和可持续的经济增长,充分实现生产性就业,促进和维护劳动者的权益。

 保护海洋的丰厚环境:为持续利用和开发海洋及海洋资源,大力发展可持续发展模式。

 大众健康与福利:确保各年龄段人群的健康生活,促进福利保障。

 建立工业、技术创新基础:建设强韧的基础设施,促进包容和可持续性工业化,并推动创新。

 保护陆地的富饶生态:保护、恢复和促进可持续利用陆地生态系统,推动可持续森林管理,防治荒漠化,遏制土壤退化,保护生物多样性。

 全民覆盖优质教育:确保所有人享有公平和优质的教育,促进终身学习机会。

 减少人民和国家之间的不平等现象:减少各国内部及国与国之间的不平等性。

 人人得享和平与公平:为可持续发展促进和平与发展包容的社会,为所有人提供诉诸司法的机会,并在各级建有效、负责、包容的机构。

 实现性别平等:实现性别平等,为妇女和女童赋权。

 构建宜居社区:实现包容、安全、强韧和可持续性发展的城市及人类宜居环境。

 促进目标实现、加强全球合作:加强可持续发展的实施手段,重振全球伙伴关系。

 全民安全用水与卫生设施:为所有人提供安全饮用水和卫生设施,并确保可持续提供保障。

 制造方责任与使用方责任:确保可持续的生产和消费模式。

图1-1 联合国可持续发展目标

由此,日本环境省认为,"环境"与"发展"之间并不存在矛盾,环境保护和经济发展是彼此依托、互相推动的关系,因此为企业的可持续发展制定了 SDGs 应用指南。

实现可持续性发展社会,不仅需要国家和企业的努力,还需要科学家、创业者、设计师以及所有人的通力合作。为下一代能够继承一个充满未来和希望的地球,实现可持续发展已成为全人类的共同目标和任务。

1.1.3 少子老龄化带来的挑战

步入21世纪,全球各国人口结构发生了显著变化。随着出生率的下降,老龄化、独居老人的增加、女性就业率的提高、单身主义、晚婚现象以及外籍人口增加等多方面因素使老龄化问题不再局限于发达国家,也在亚洲地区和发展中国家迅速蔓延。

日本是一个老龄化发展迅速的国家,65岁及以上的人口比例从1970年的7%增长至1994年的14%,在短短24年内进入了老龄化社会①(图1-2)。此外,老龄人口占比在2019年达到28.4%,已经完全进入了超老龄化社会。根据预测,到2040年老龄人口比例将达到35.3%,这意味着每三个人中就有一位是65岁以上的老年人(数

① 老龄化社会:指一个地区65岁及以上的老年人口超过总人口的14%,即该地区被视为进入老龄化社会。

据来源于日本国立社会保障·人口问题研 究所"日本未来人口预测"2017年推算)。

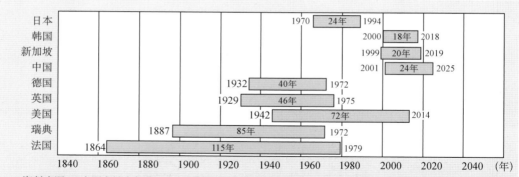

资料来源：日本国家社会保障·人口问题研究所《人口统计资料集》(2018年)

(注) 1950年之前的数据来源于联合国《人口老龄化及其经济社会影响》(*The Aging of Population and Its Economic and Social Implications*, Population Studies, No.26, 1956) 及《人口年鉴》(*Demographic Yearbook*)，1950年之后的数据来源于联合国《世界人口展望：2017年修订版》。日本的数据则来自日本总务省统计局的《国势调查》和《人口推算》。1950年之前的日本数据是基于已知年度数据进行插值法估算得出。

图 1-2　人口老龄化速度的国际对比

随着人口老龄化而日益凸显的老年残障人数大幅增长问题，将进一步增加长期护理与养老领域的社会成本。

为应对人口比例带来的一系列变化，我们需重新审视并积极构建适宜老年人和残障人士的宜居生活环境，同时完善社会保障制度。此外，近年来由于低出生率倾向的影响，劳动年龄人口也呈明显下降趋势，而劳动力的短缺则进一步加剧了各地区产业和经济结构的不均衡，成为当今亟待解决的重要问题。

1.1.4　促进多元化社会的发展

"多元化"这个词汇变得越来越常见。diversity 是英语名词，被翻译为"多样性"。中文中"多样性"这个词通常用来表示一些概念，比如生物多样性、遗传多样性、文化多样性，或者在劳动领域中的人才多样性。

英语中的 diversity(多元性)概念起源于 20 世纪 60 年代的美国，是在公民权运动等人权问题的抗争中产生的。起初，这一概念主要是为了废除对"黑人和白人女

性"存在的歧视性人事惯例(招聘、绩效评估等)。随着时间的推移，这一运动逐渐演变为涵盖所有少数群体(包括残障者和老年人等)的理念，并在企业社会中渗透开来。

当前，不仅应从人权等基本角度，还应从对未来少子高龄化导致劳动力减少等问题、提升人才储备和企业竞争力的视角出发，需要以"多元性与包容性"(Diversity and Inclusion)为原则，不因年龄、性别、学历职历、国籍、种族或民族等属性对人有所歧视，反而应积极推崇多元与包容的理念，积极招聘各类人才。

自 2018 年 4 月以来，日本的经济产业省陆续开展"关于作为竞争战略的多元化管理(多元化 2.0)研究会"，并于 2018 年 6 月 8 日修订了企业应采取行动的"多元性 2.0 行动指南"，以推动多元化管理，期望企业通过多元化提高经营实力，并在人才战略上进行改革，从而促进新的产业生态系统。

根据联合国世界经济论坛(WEF)发布的性别差距指数/全球男女平等排名调查，

日本在 153 个国家中排名第 121，属于相当低的水平。当然，在七国集团（G7）中日本排名末尾也毫无悬念。今后，需要进一步细化社会系统中认可和支持多元化的制度和政策。

1.1.5　生命周期变化带来的影响

由于世界各国的人口构成比例正在发生变化，预计人均寿命也将随之改变。随着社会环境的改善和医学的进步，人类的平均寿命将不断延长。治疗和预防方法的进步降低了死亡率，我们即将迎来一个百年人生的长寿时代。截至 2001 年，日本成为全球寿命最长的国家。

日本厚生劳动省（日本负责医疗卫生和社会保障的主要部门）认为，在人们迎来百岁高龄时代，需要建立一个使每个人都能安心、健康、充满活力地生活和工作的社会体系，其中关键在于"对人才的投资"。因此，厚生劳动省主张实施终身教育，为重返工作岗位、转换职业的个体提供再学习或进修机会（Recurrent Education①），推动老年人再就业，并确保护理、残障福祉专业人才的培养。（照片 1-2）

日本作为世界最长寿的国家，应积极推动适应百岁时代的社会环境和完备制度做出贡献与示范。

在少子高龄化、经济低迷以及全球化的背景下，双职工家庭和女性的社会参与度增加，外国劳动力也在增加。双职工比例的增加，需要相应的托儿服务；寿命的延长，独居老人数量的增加，对看护服务的需求也日趋紧迫。同时，随着外籍劳动力的增加，也需要提供一个能够理解各国文化的交流平台。因此，迫切需要加强涉及这些方面的环境建设。

照片 1-2　高龄者的再就业教育

---

① Recurrent Education：指个人在一生中分散接受学校教育的理念。原意指成人为了掌握工作上必需的知识和技术，每隔一段时间之后回到教育机构进行有组织、有系统的学习，形成教育—工作的循环模式。在日本，回流教育的意义比外国更加广泛，比如边工作边学习、为了丰富生活与完善自我而学习、在学校以外的场所学习等均称为回流教育。

1.1.6 信息技术进步带来的巨大变化

随着经济全球化和信息社会的快速发展，有人认为第四次工业革命已经到来。万物相连的物联网 IoT[①]（Internet of Things）将所有信息转化为数据且与互联网相连接，并通过网络自由交换；机器通过自我学习，判断精确度超过人类的人工智能 AI[②]（Artificial Intelligence）；实现多样且复杂性作业的自动化机器人技术的开发等。这些都与人们的生活紧密相连。（照片 1-3）

新兴技术的开发，使迄今为止的许多"不可能"变为"可能"，与此同时，产业结构与就业结构也发生了重大变化。飞速发展的物联网和人工智能等技术，不仅成为解决问题、创造和提供产业新附加值的手段，还被认为是核心竞争力的源泉。

从产业角度看，不再单纯追求产品的制造、销售或是技术和质量，而在目前的市场竞争中创新商业模式（Solution Business）已经成为公认的应对之道。各大企业都在尝试通过跨界合作的互联网化构建全新的商业模式。在流通行业中，也催生出如 BtoB[③]、BtoC[④]、CtoC[⑤]、BtoG[⑥]、DtoC[⑦] 等称之为"服务化"的电子商业模式。

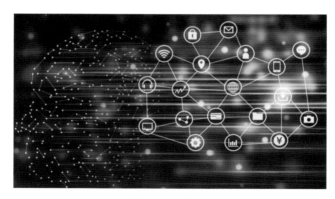

照片 1-3 互联网示意

① IoT（Internet of Things）：物联网，即万物相连的互联网，是通过遥控装置、远程监测、远程测控、感应器等传感设备对物品进行远距离数据采集，把物品与互联网相连接，进行链接和互通的一种网络。
② AI（Artificial Intelligence）：指人工智能，在 20 世纪 50 年代后期作为一门学科问世，即在计算机技术迅速发展的背景下，研究如何让计算机去完成以往需要人的智力才能胜任的如学习、推理、认识、判断等工作，可理解为是研究如何应用计算机系统来模拟人类某些智能行为的学问。
③ BtoB（Business to Business）：指企业与企业之间的电子商务交易模式，是企业向企业提供产品和服务的商业模式。
④ BtoC（Business to Consumer）：企业与消费者之间的商业交易（买卖）。包括便利店、超市、百货商店、药店、旅行和酒店等日常个人使用的物品都属于 BtoC 业务。像亚马逊、乐天、ZOZOTOWN 这样的电子商务企业（网上销售）也属于 B to C 业务。
⑤ CtoC（Consumer to Consumer）：消费者与消费者之间的电子商务交易模式。随着网络和智能手机的普及，CtoC 商业模式得以快速发展，消费者与消费者之间的互动交易行为正是现代商业模式的主要特征。
⑥ BtoG（Business to Government）：企业与政府机关之间的电子商务交易模式，或面向地方自治机关的电商模式。
⑦ DtoC（Direct to Consumer）：制造商自己建立 EC（电子商务）网站，直接面向消费者提供商品的营销模式。现在，通过 YouTube 或 Instagram 等 SNS（社会网络服务软件）直接面向消费者进行宣传的电商模式正在飞速发展。

2019 年在国际信息及通信技术博览会（CeBIT）中，日本提出了对未来产业发展的互联产业（Connected Industries）形态。构成其理念的三大内容是：①实现人与机器、系统相协调的全新数字社会；②通过合作解决课题；③积极推进与数字技术发展同频的人才培养。

面向未来，可通过人与机器、跨越国界的技术以及创新的附加值、产品和服务，构建可以提升产业竞争力的商业模式。

此外，新兴技术还可以用来解决人口老龄化、人力不足、资源不足等一系列社会问题，为人们创建更丰富美好的智慧型社会，促进国民经济的健康发展。

1.2　当代社会议题与设计

1.2.1　可持续性设计

现代科学技术促进了生产力的迅速发展，创造了一个大规模消耗能源的社会形态。人们舒适与方便的生活也是建立在这种大量消费资源的基础之上。环境问题俨然成为全世界共同关注的主题，其解决方案也成为世界各国在可持续性发展道路上的当务之急。

因此，对产品或服务进行设计时，不仅要考虑产品外观与性能，还须将环境等相关因素纳入设计思考之中。可持续性设计要求将产品制造过程中所使用的能源、水以及产生的废弃物量减到最低程度，同时将提高能源的回收与再利用，减少末端废弃物、物流合理化、产品生命周期等因素都归入到设计的考量范围。

目前，很多行业都在着力推行着生态设计①（ecology design）、循环设计②（recycle design）以及伦理设计③（ethical design）。

为了推进"3R"（Reduce—减量、Reuse—重新使用、Recycle—循环利用）的理念，在日本每年都会确定一个"3R推进普及月"，向民众开展各种形式的普及、启发活动。

咖啡连锁店、餐饮外卖服务、超市等服务行业积极采取纸制容器代替一次性的塑料容器、减少塑料购物袋的提供以应对塑料污染危机。目前已有很多制造商开始着手研发能够在土壤或海中自然分解的环保材料和相关制品。

在服装设计行业中，也因快时尚④的兴起，导致了因生产量增加与着装使用期缩短而产生的大量垃圾、温室气体的超量排放及劳动力等相关问题的产生。

为了减少对环境的负担，需要重新思考人类与环境的关系，以如何将废旧衣物变成可再生资源为主题，尽快采取措施并积极应对（图 1-3）。在所有设计相关行业

---

① 生态设计：指以生态学的原理和方法进行设计。《生态设计》的作者西蒙·范·迪·瑞恩提出，应将环境因素纳入设计之中，减少资源消耗，构建和谐可持续发展的社会。他认为，人人都是设计师，主张每个人都必须在日常生活中提高个人环保意识，在生活的各方面进行判断和行动时都需进行相应的设计规划。

② 循环设计：一种将环境的不利影响减少到最低程度的 3R 设计手法。Reduce（减量）：抑制废弃物的产生，即尽量减少材料（资源）浪费的设计。Reuse（再利用）：可重复使用的产品、零部件，即可重复利用、可回收且有较长使用寿命的设计。Recycle（回收、循环利用）：再生资源的利用，即能够将使用过的产品（废品）被拆解回收并作为资源重新使用的设计。

③ 伦理设计：指具有正确伦理道德规范的设计。近年，以英语国家为中心使用"ethical"一词表现伦理活动，设计中"伦理"的意义可以理解为环境保护和社会贡献。在追求利润的企业活动中也越来越受到关注。

④ 快时尚：指对市场和流行趋势做出快速反应，在短期周期内大规模生产和销售价格低廉且紧跟时尚潮流的服饰品牌的一种商业模式。具有代表性的日本品牌有优衣库、G. U.、SHIMAMURA，欧美主要有 GAP（美国）、Forever21（美国）、H&M（瑞典）、ZARA（西班牙）等。

日本生态标志(Eco Mark)

牛奶纸包装再利用标志

铝罐回收标志

塑料瓶回收标志

图1-3　环保标识

照片1-4　绿色、可持续性发展以保护地球与自然环境

和领域中,也都应以绿色、可持续性发展为主线,做到时尚与环保兼顾(照片1-4)。

1.2.2　设计中的本土文化

目前以亚洲年轻人为中心,正在形成一种跟随欧美时尚潮流文化的现象,时尚行业每季度都在引领流行趋势并主导市场。

然而与欧美不同,亚洲地区多为高温高湿的气候,生活方式和体型也与欧美人有较大差异。盲目地追随欧美流行服饰文化,会导致本国传统产业和技艺无法传承进而逐渐衰退隐没。鉴于这种情况,我们需要重新考虑具有亚洲各国特色和特质的服装设计,将传统元素灵活地运用在设计中以弘扬本国的传统文化。

日本的和服、中国的旗袍、韩国的韩服等传统服饰(照片1-5～照片1-7)造型简洁、色彩丰富、花纹绚丽,并具有良好的透气性和功能性。若能将亚洲地区的特色作为附加值,并结合现代生活方式进行整体的商品企划将有助于亚洲各国服装设计产业的发展。随着国际交流而不断深入的全球化,促进了不同国家与地区之间的沟通、互动,有利于其展示自身文化的独特性。同时,对本国传统文化有深刻了解的人在国际社会中也备受认可和重视。

亚洲地区悠远广博的传统技艺和文化需要我们的尊重与重视,从地域文化传承的角度出发,将亚洲文化、服装教育、研究、相关活动等信息进行共享和交流,发扬传统文化,是服装人义不容辞的责任。

照片 1-5　中国的旗袍

照片 1-6　日本的和服

照片 1-7　韩国的韩服

1.2.3　以人为本的通用设计

观察人们的周围就会发现,几乎所有的设计都以"大多数"的健全人和年轻人为对象进行商品企划。在以实现人类社会共同进步为目标的今天,我们需要坚持平等原则,关注和尊重"多样性"和"少数"群体,在进行设计时顾及到包括老年人、残障人士、外国人等群体。在社会大环境中,也必须以大众为基础,对各种交通系统、设施、建筑物、道路、公园等公共设施加以改进,使每个人都能方便、舒适和安全地使用。

在日常生活中人们会见到轮椅使用者在需要通过人行道时却因有自行车停放而无法通过,又或是想进咖啡店时却因入口的台阶设计而无法进入的情况。这些都是日常生活中的各种障碍,而"无障碍设计" (Barrier Free Design)可以消除这些障碍。在实现无障碍设计的同时,"通用设计" (Universal Design)也正在被推广为日常生活的标准措施。

"通用设计"是由美国北卡罗莱纳州大学的罗纳德·梅斯(Ronald L. Mace)教授于 20 世纪 80 年代提出的一个设计概念,其定义为:与年龄、性别、人种、国籍、能力的差异无关,尽最大的可能使所设计的产品、建筑、环境、服务等适合所有的使用者。

通用设计的实践,需要设计师遵循"能够被更多的人使用"和"产品应该被设计成易于使用、具有美观性和安全性"的原则,并以"5W2H"的分析法(参照附录)将设计商品化。关于通用设计的具体概念,可以参照表 1-1 中的"通用设计的七大原则"。

表 1-1　通用设计的七大原则

1. 公平性	任何人都可公平地使用
2. 灵活性	可以灵活地使用
3. 易操作性	使用方法需简单而直观
4. 明确性	提供正确、易懂的必要信息
5. 安全性	即使操作错误或误用也不致引起危险,把危险和伤害减至最少
6. 省力性	以省力易用的设计减少体力负荷
7. 空间性	确保合适的尺寸和足够操作的空间

比如球形握柄更易握、易转动的杆状式门把手，即使语言不通也可以从图像中获取信息的图形标记以及在洗发露和护发素的瓶子上的凸起纹理等，都是令使用者方便易使用的设计实例。

通用设计是一种解决日常生活中不便的设计方法，当然并不是所有的事情都可以用通用设计来解决，依然存在无法使用的人。然而，通过添加通用设计的元素，许多障碍都可以得到解决，也可以使原有的产品或环境得以进化改善，以方便更多的人使用（图1-4、照片1-8～照片1-11）。

在运用通用设计理念进行产品开发时，建议通过观察、理解用户的行为出发，让不同用户群体参与计划的制定、实施、评估、改进，并以螺旋式提升设计品质，以实现更好的商品和服务。

照片1-8所示为既满足轮椅使用者，又满足装有人工肛门或人工膀胱的人士进行清洁护理需求，并配备了大型折叠床以及各种标准设施的"多功能综合性卫生间"。

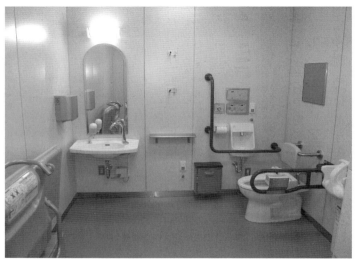

照片1-8　神户的通用卫生间（多功能、多用途卫生间）

图1-4　简单易懂的图形标记

照片1-9　视障碍者用电梯楼层盲文点字提示

照片 1-10　方便视障者的盲道地砖　　照片 1-11　应用了通用设计理念的人行天桥
　　　　　　　　　　　　　　　　　　　　　　　　　　扶手和楼梯

UNIVERSAL FASHION

第 2 章

通用时装的设计流程与方法

　　我们在服装市场看到的大部分设计都是基于年轻人和健全人的最流行时尚。然而,通过服装享受穿搭的乐趣表现自我的权利,对于每个人来说都应是平等的。本章将探讨与年龄、体型无关,无论残障与否,任何人都能享受时尚乐趣的通用时装设计流程和观点。

2.1 社会性视角和商业性视角

2.1.1 通用时装的社会性

为了实现通用、包容性社会的目标,满足人们对美好生活的需求,各行各业都积极实践新的发展理念,以不断开发新产品和促进服务业的高质量发展为中心,努力开拓新市场。时尚界也为了尽可能地满足所有人的需求,以"无障碍设计"和"通用设计"为指导理念,积极开展"通用时尚"产品的研发与设计。

通用时尚的目标是创造一个"与年龄、性别、残障无关,让每个人都能在时尚领域中享受美好的社会环境"。换言之,通用时尚的挑战在于开发能够满足所有人需求的时尚产品,并且拓展一个让每个人都能够安心、平等地选择和购买商品的市场环境。

目前,老年服装普遍款式单一、色调相对灰暗,而残障人士的服装品类更是因为从护理角度出发,主要以功能性的设计为主,局限于围裙、纸尿裤、贴身衣物、睡衣等内衣和家居服品类。当老年人和残障人士对时尚有需求时,就要对市场上买来的成衣进行部分修改或私人订制。虽同为服装,但是普通产品和年轻人的时尚产品与面向老年人、残障人士、护理服之间的选择范围存在着很大差距(图 2-1)。

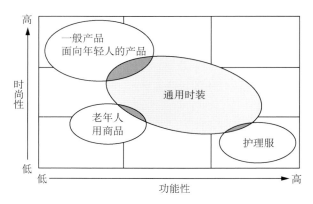

图 2-1 通用时装的定位

如果将"通用设计的七大原则"沿用至通用时装,可以得出如表 2-1 所示的设计观点。我们需要灵活运用这些观点设计出美观且穿着舒适的服装。

表 2-1 通用时装设计的七大原则

通用设计的七大原则	通用时装的设计观点
1.公平性:任何人都可公平地使用	• 所有人都能穿着 • 方便购买
2.灵活性:可以灵活地使用	• 尺寸可调节 • 前后、左右、里外均可穿着
3.易操作性:使用方法需简单而直观	• 便于穿脱 • 设计简洁

通用设计的七大原则	通用时装的设计观点
4. 明确性：提供正确、易懂的必要信息	• 高辨识度 • 易分辨前后、左右、里外
5. 安全性：即使操作错误或误用也不致引起危险或损坏，把危险和伤害减至最少	• 安全性 • 附属功能
6. 省力：以省力易用的设计减少体力负荷	• 合体 • 易穿性、便于护理人员帮助被护理人士穿脱
7. 足够的空间：提供容易到达的途径及确保足够操作的空间	• 灵活应用服装辅料 • 留有适当的余量

这种方法不仅要考虑到第 1 章中所讨论的社会意义，还需要考虑使其在商业上具备可行性的条件。

2.1.2 不断扩大的老年人市场

现在大部分人所穿的都是市场上售卖的成衣。然而如前文所述，成衣的绝大多数都是以健全人体型和年轻人的喜好为标准进行设计的，而没有考虑到身体机能下降的人群。

与年轻消费群体的时尚潮流商品供应在短周期内过剩相比，老年人和残障群体可选购的服装却极为匮乏，他们中很多人对市场上提供的产品款式和尺寸不满意。因此，设计师在考虑产品本身的同时，还需要重新评估销售目标人群。

那么，为何说"通用时装"是未来时尚行业的重要组成部分呢？

随着老龄化社会的不断深化，老年人的寿命也将发生变化。人类平均寿命的持续延长，使得新一代老年人必须为退休后的二三十年做好规划，迎接自己的第二人生。

换句话说，老年人市场正逐渐成为一个蕴含无限商机和发展潜力的领域，目前的消费需求结构也将随之发生变化。当务之急是重新审视现有的服装产品企划、生产和销售体系，开拓一个所有人都能平等选购服装的市场环境。

2.2 推广通用时装产生的效果

2.2.1 妆饰点亮身心活力

每个人都希望有尊严地度过一生，而健康则是立身之本。健康不仅仅是无疾病或身体虚弱，还包括心理健康和良好的社会归属性。因此，在生活中保持身心健康显得尤为重要，而穿着舒适服装的生活正是通向健康未来的一个重要基石。

随着人性化社会的到来和全面发展，老年人和残障人士融入社会的机会越来越多，对时尚的兴趣和需求也在不断提高。据相关数据显示，不论男女，大部分老年人在外出时都非常注重个人形象。此外，一些养老院也尝试在白天帮助老年人更换日常服装，换装后老年人们明显变得更加朝气蓬勃，情绪也变得更加乐观向上。这无疑反映了改善自身形象和妆扮对老年人心理产生积极影响的事实。

在 1989 年制定的日本福利法规《促进老年人健康福利 10 年战略（黄金计划）》中，提到了"零卧床 10 项措施"（表 2-2）。这些措施中强调，挑选服装、妆饰等与自身形象相关的行为是防止卧床不起的重要因素之一。在这十项措施中,有四项与服装直接相关,包括"第4条:日常生活中的康复训练从吃饭、上洗手间、更衣开始"、"第5条:早起先换衣,自己穿衣,寝食分离,让生活充满活力"、"第6条:最基本的看护原则是'少伸手,眼莫离',尽量尊重老人的主动性,以协助为主"以及"第9条:无论在家庭还是在社会中,帮助老年人找到自己的兴趣,防止无所事事,闭门不出"。

表 2-2　零卧床 10 项措施(1991 年日本厚生省老人保健福祉部)

第1条	预防脑中风和避免骨折是零卧床的第一步
第2条	卧床不起的原因是让病人一直卧床休息,过度的安养,会起到反作用
第3条	重视早期康复训练,从卧床能锻炼的项目开始
第4条	日常生活中的康复训练从吃饭、上洗手间、更衣开始做起
第5条	早起先换衣,自己穿衣,寝食分离,让生活充满活力
第6条	最基本的看护原则是"少伸手,眼莫离",尽量尊重老年人的主动性,以协助为主
第7条	尽量多利用轮椅等医疗器材让老人能离床、想离床,扩大活动范围
第8条	用心改善居住环境,增设扶手,减少行走时会遇到的障碍
第9条	无论在家庭还是在社会中,帮助老年人找到自己的兴趣,防止无所事事,闭门不出
第10条	积极利用周边训练器材、社区养老设施,通过人与人的交流,实现零卧床

2.2.2　激活残存能力

每天人们至少会进行数次衣物的穿脱,其中,穿脱内裤的频率也会随着排泄行为的发生而增加。穿脱衣物动作是日常生活中运用全身肌肉力量最多的行为,看似普通的反复穿脱的动作,却有助于改善身体机能、提高康复效率。

通过每天反复穿脱衣物这样的简单动作,腰部、肩部的肌肉以及手指都得到了锻炼,同时也保持了运动机能,降低了再次致残的风险。老年人和残障人士自主穿脱衣物的行为不仅有助于保护他们个体的尊严和自主性,还能够激发他们对生活的信心和希望。这需要我们周围的人和护理人员考虑到老年人和残障人士的个体差异,观察具体对象的穿衣活动,从服装设计和残余能力方面进行一定的改良和帮助。

2.2.3　提高生活品质

为了提升生活品质,需要使生活充满乐趣。愉悦的生活可以让人心情舒畅,使生命充满意义和价值,促进身心健康(照片 2-1)。

照片 2-1　时尚的乐趣属于所有年龄层

当我们穿上自己喜欢的服装,就会不由自主地走出去,向别人展现自己。即便是同一件外套,搭配不同颜色的领带和衬衫,也会呈现出截然不同的效果,令心情焕然一新。

这无形之间增加了与周围人沟通和社交的机会,培养了积极的心态。选择自己喜欢的服装并进行妆饰,既是对自我的肯定,也是自我实现的一种表达。因此,时尚不仅是自我享受的体验,也是提升和改善生活质量的重要因素。

2.2.4　促进社会参与

服装必须具备两个重要的功能。首先,它要满足应对冷暖和穿着舒适的"功能性"需求;其次,它还要具备"向他人展示自我"的作用,这是构建社会关系的重要因素之一。

人们通过服装参与社会活动,其衣着不仅是展现个人形象的工具,也是促进与他人进行愉快交流的媒介。

通用时装的发展大大利于促进老年人和残障人士参与社会活动。

2.3　通用时装的设计视角

2.3.1　通用时装设计的流程

图 2-2 所示为通用时装的设计流程和设计方法。

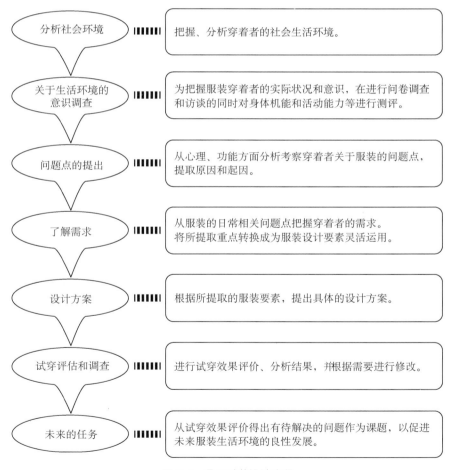

图 2-2　通用时装设计流程

首先,对老年人和残障人士的社会生活环境进行全面分析。其次,提取关于日常生活中存在的问题和个体愿望,以深入了解穿着者的情况。同时,通过对穿着者的生理和运动功能(身体功能)因素以及心理需求的访谈,包括感觉、喜好、舒适度等方面,进行详细地调查。根据提取的设计元素展开具体设计。在设计过程中进行试穿调查,以评估"哪些部分是舒适的,哪些部分存在问题?",并进行相应地修改。最后,在下一轮设计中对存在问题的部分进行研讨,并以实现对所有人都友好的衣着环境和可持续发展为目标,不断进行优化和改进。

2.3.2 设计视点

服装是使人类与社会紧密相连且必不可少的媒介。在进行服装设计时,深刻理解人与社会环境之间的关系是至关重要的前提,然后才能提出设计方案。

以通用服装设计流程为基础尝试进行设计时,可以参考如下视点(图2-3)。

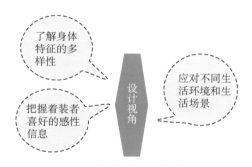

图2-3 通用时装的设计视点

(1)了解体型特征的多样性

实现通用服装设计的首要条件是理解并认识到每个人的体型特征都有所不同。

随着老年人年龄增长或残疾程度的变化,身体的生理、运动和感知能力逐渐衰退,体型和姿势也随之发生相应的变化。

于是就会出现成衣不合体,或因为手指、腿脚灵活度的下降,导致手臂活动范围受限、系不上纽扣、抓不住拉链拉头,穿脱裤子困难等情况。此外,老年人体温调节能力的降低容易引起感冒,免疫力的下降则易引发皮肤过敏等症状。

重要的是要根据这些身体特征的变化,巧妙地将相应的辅助功能融入到设计中。

设计师需要仔细观察穿着者的体型和姿势,考虑其日常生活中的自立程度和残余活动能力,设计出无论对穿着者还是护理人员而言都能以最小体力消耗为目标,易于操作且方便穿脱的服装款式。

(2)把握穿着者的喜好

不同穿着者的身体状况不同,对服装款式也有不同的偏好。

将个人喜好的元素和风格融入到服装设计中,可以使穿着者在身心上感到愉悦。服装的面料、颜色、图案和样式都会对穿着者的形象产生重要的影响。

无论是传统的、优雅的,还是休闲运动的,对时尚的追求和喜爱与年龄无关,未来的服装市场对老年人和残障人士来讲将是包容和平等的。

一个设计的成立是基于对使用者的具体分析。设计通用时装,需要了解穿着者个人的体型、运动功能、生理状况、感性认知等信息,并根据他们的日常轨迹,对其生活方式等相关特征了解的基础上再进行设计。

(3)对应不同的生活环境和生活场景

设计师需要在充分理解穿着者生活环境的基础上,结合不同的生活场景进行舒适的款式设计。对于"目的"、"场景"以及"为什么是必须的"等问题,可参考5W2H(详见附录)进行深入思考。了解穿着者的住房类型(独栋还是公寓)、日常生活范围、外出习惯等情况,然后根据穿着者的生活环境提出相应的服装设计方案。在看待住院或养老设施中的人时,我们常会默认他们主要生活在室内。然而实际上,这些设施的环境与社会中的不同区域相类似:走出房间后,走廊就相当于马路,食堂可成为餐厅,公共客厅可能就是文化中心。因此需要考虑穿着者在不同场景下的衣着需求,从而帮助他们能更好地融入社交和活动中。

扫墓、到医院看病与开药,是老年人的常规活动。他们参加丧礼的次数通常比参加婚礼的次数更多。除此之外,老年人还会与朋友见面、与儿女和孙辈们相处、进行园艺活动等,生活社交范围其实并没有因年龄增长而变窄。尽管因为身体机能的下降,活动范围更加以日常生活为中心,但这并没有妨碍他们的生活变得更为丰富多彩。因此,正确认识每个穿着者的实际生活状况,与提出符合其着装需求的设计方案是密不可分的(照片2-2~照片2-5)。

照片2-2　成群结伴享受音乐的老人(巴黎)

照片2-3　气氛活跃欢快的家庭聚会

照片2-4　舒缓心情的园艺种植活动

照片2-5　与大自然亲密接触的徒步旅行

UNIVERSAL FASHION

第 3 章

老年人的时尚学

　　随着老年人口的增加,平均寿命的延长和生活质量的提高,老年人对时尚表现出更为浓厚的兴趣。老年人时尚的基本原则是掩盖由年龄增长引起的体型变化,并创造出年轻人所没有的"年龄魅力"。本章将对老年时尚的穿着要素进行探讨。

3.1 跨越年龄的时尚魅力

3.1.1 对"健康""时尚"的关注

近年来,终身教育课堂开设了针对老年人①的时尚讲座,杂志社也出版了面向老年人的时尚杂志,在时尚资讯网站(如Fashion Snap)中也能看到属于"老年一代"的街拍。老年人对时尚日益高涨的兴趣,也影响了各地,人们积极响应并举办老年时装秀。2014年,在对60岁及以上的男性和女性进行的日常生活意识形态调查报告中显示,在过去的15年里"希望变时尚"的老年人数量增加了16%,对时尚不感兴趣的老年人数则减少了20%,当日本全国1 000名中老年男女性(50~79岁)被问及目前对什么感兴趣时,无疑选择"健康"的最多,约占70%,其次是"旅游"、"金钱/财富"、"美食"和"政治经济"。其中,女性对"健康"、"美容"和"时尚"更为感兴趣,显示出中老年女性希望能够一直保持健康、美丽和时尚的愿望。(照片3-1)

3.1.2 第一印象取决于视觉所传递的信息

麦拉宾法则是由美国加州大学洛杉矶分校的心理学家艾伯特·麦拉宾于1971年提出的关于人们交流时第一印象的"73855定律"。这项实验设置了"喜欢""不喜欢""两者都不是"三个评价等级,配合文字和面部图片,分别对不同的视觉形象、听觉效果和语言表达进行呈现,并以不同的组合方式进行评价。

结果显示,在与人交流时判断对方意图的几个重要因素分别为:视觉信息占55%,听觉信息占38%,语言信息占7%(图3-1)。非语言沟通指非语言信息,强调人们在交流与沟通过程中不可忽视对仪容、姿态、手势、语言(声音和语调)等非语言因素的重视程度。

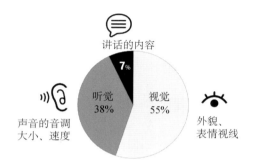

图 3-1　麦拉宾法则

为了让对方明白自己想表达的内容,仪容、姿态(手势、动作、态度、举止)是促进有效交流的重要因素。据说,人的第一印象由最初见面的3~5秒决定,做出判断信息中的绝大部分是从视觉和听觉信息中所获得。换句话说,成为时尚女性的第一步要从把握视觉和听觉要素出发。

3.1.3 "时尚"的不同含义

那么,时尚的含义是什么? 时尚又是怎样一种状态呢? 日语中有"おしゃれ"一词来进行概括。英语中,该词可翻译为Fashionable、Stylish、Classy或Sophisticated等各种表达方式。

---

① 老年人:世界卫生组织(WHO)将65岁及以上的人定义为老年人。人们对此虽无异议,但并没有明确的标准。特别是近年来,有一种避免使用"老人"等强调年龄的词汇的趋势,而倾向于使用"更有经验"等体现价值的词汇来表现。

照片 3-1　健康、时尚生活体现

请参照表 3-1 中"时尚"一词所对应的不同含义，并在脑海里想象一下自己所希望呈现的形象以及能够表达这个形象的词汇和语句，比如"我充满时尚感，总是走在潮流的前端""我的品味非凡""我展现着干练和精致的气质"等。然而，当被问及时尚时，不少老年人透露出"虽然对时尚感兴趣，但只是想一想，并没有实际付诸行动"或"不清楚自己穿什么好看，也不知道该如何搭配"的想法。

在日本，对于年长女性往往使用"大妈"这一称呼，并被视为一种中性存在。我们需要以客观的态度看待和接受"我已经上了年纪"的现实，找出自身形象存在的问题，并从时尚的角度着手解决和改善这种中性化形象。例如，我们可以一边借鉴时尚达人的穿搭风格，一边根据自己的实际情况和愿望进行调整，实现个人形象的"蜕变"。

老年时尚学的基本原则是巧妙地遮掩老化的体态特征。随着岁月的推移，人们逐渐步入老年，偶尔也会回忆起过往，感叹过去的美好，然而时光不可逆，我们无法回到曾经。与其沉湎于对过去的怀旧，不如正视现在和未来，思考如何成为一位拥有个人魅力的老年人。因此，让我们从深入了解自己的身体特征开始，梳理出时尚所需的基本要素。（照片 3-2）

照片 3-2　幸福的时尚老年人

表 3-1　表达"时尚"的英语

序号	英语	含义
1	Fashionable	形容"时髦""时尚"的基本词汇，用于表示"流行的"或"当前的"。源于"fashion"表示"流行"或"风格"的含义。She is very fashionable.（她很时髦）
2	in fashion	表示"流行的"含义。This coat is in fashion for this season.（这款大衣是本季流行款）
3	in style	与"in fashion"含义相似。原意是"流行的"，根据使用情景不同也可理解为"时尚的"，其中包含有"华丽""花俏""漂亮""非凡"等含义。He lives in style.（他生活得很有格调）
4	Stylish	"有品位""时髦""别致""精致"的意思。He is a very stylish person.（他是一位很有品味的人）
5	up to date	意为"最新的""流行的""现代的"，特别用于强调"最新的"时候使用。Her fashion is up to date.（她的着装紧跟潮流）
6	Classy	根据使用情况不同有细微的差异，可理解为"优雅""高级"。Your dress looks classy.（你的衣服看起来很高级）
7	Sophisticated	表示"干练的""有教养的""知性的""讲究的"。The lady has sophisticated beauty.（这位女性具有成熟的美感）

序号	英语	含义
8	Chic	源于法语里形容"优雅""别致"的单词。 Your hat is chic.（你的帽子很别致！）
9	Cool	表现"极美""好棒"程度的时尚感。 It's very cool!（它太酷了！）
10	Fancy	在美国，它的意思是"豪华"或"奢侈"意味的时尚。 但在英国，这个词指的是"cosplay"，没有时尚的含义。 "fancy dress party"意思是"扮装"派对。 Your dress is very fancy!（你的裙子很花哨！）
11	dress up	形容人们在参加聚会或活动时穿着正装的表达方式，也用于戏剧或万圣节等场合的装扮，即一种非日常的、为某一特殊事件而装扮的情况。 She dressed up for the party.（她盛装参加派对）

3.2 老年服饰面临的难题与应对方案

3.2.1 了解身体特征

联合国世界卫生组织（WHO）将 65 岁及以上的人定义为老年人。65～74 岁为前期老年人，75 岁以上为后期老年人。老年人的生理机能随着年龄的增长逐渐下降，各种身体状况也逐渐显现，这些状况因人而异，取决于个性、生活习惯和精神压力等因素。一般来说，这些现象从 40 岁后便开始变得明显。

在日常生活中，可察觉到的老化现象包括视觉调节能力的减退（老花眼），例如无法阅读报纸上细小的字体，头发变白，女性经历绝经和更年期等。

老化并非仅仅是年龄数字的增加，而且还是伴随着年龄增长而发生的一系列生理变化，涉及外部体型、脑组织、心脏、肝脏等内部功能，免疫系统、感官和智力功能也随之下降。

因此，老年人更容易发生家中跌倒事故或外出时的交通事故，他们不仅可能成为事故的受害者，还有可能成为事故的肇事者。尤其是随着高龄化趋势的不断加深，老年痴呆症患者的人数也在迅速增加。

图 3-2 显示了老年人的身体特征（外圈为年轻人，内圈为老年人）。通过观察图表可以发现，尽管随着年龄增长，"知觉功能"不断下降，但"认知功能"和"身体机能"可以通过日常有意识的训练来减缓衰老的速度。

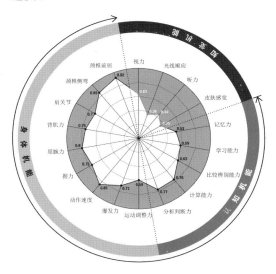

"知觉功能"会随着年龄的增长而下降，而"认知功能"和"身体机能"通过日常有意识的锻炼会减缓衰老的速度。

图 3-2 老年人的身体特征

可以通过老年时尚学中相对应的内容进行锻炼，从而促进身心的共同健康。

3.2.2 体型变化所引起的问题及应对措施

在探讨老年人的身体状况与服装生活的关系时,需要考虑不同个体可能面临的问题以及应对策略。鉴于每个人的状况不同,建议结合"第5章通用时装的设计"中提供的具体设计建议,以个性化的方式将这些问题纳入服装设计中。随着年龄的增长,一般老年人的体型会发生一系列变化,如身高和四肢长度的减少、圆肩拱背、腰部变粗和下腹部突出等(图3-3)。因此,以立姿为标准的成衣规格服装不再适合,也无法凸显老年人特有的美。

为了解决这一问题,可以通过修改成衣的长度、宽度和围度,以适应不同的体型(详见第5章中"5.1.2适合身型的设计")。

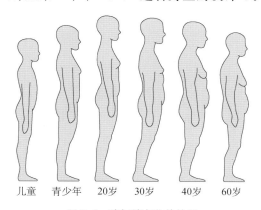

儿童　青少年　20岁　30岁　40岁　60岁

图 3-3　随年龄变化的体型

3.2.3 生理机能下降所引起的问题点与对策

当生理机能下降时,可能会出现诸如"难以调节体温易感冒""抵抗力下降和皮肤敏感""听力下降""视力衰退""尿频易失禁"等现象。

在设计中应尽量使用易于体温调节、方便使用、亲肤的面料。(详见第5章中"5.1.10根据生理功能要求进行优化设计")。

3.2.4 运动机能衰退所引起的问题及对策

随着运动功能的衰退,行动、四肢、指尖的活动变得迟缓。可以尝试在不影响行动的前提下增加服装的宽松度、使用方便穿脱的配件,尽量采用轻质材料进行设计(详见第5章中"5.1.11便于穿脱的设计")。

3.3 让美与年龄同行

3.3.1 时尚穿搭的基础知识

解决年龄增长引起的身形变化问题是老年时尚学的根本目标。服装的构成要素包括材料、颜色、图案以及款型(廓形和细节)。以下是老年时尚中可灵活运用的关键要点。

(1) 融入个人生活方式,享受服饰带来的乐趣

"生活方式"不仅仅是指个人和家庭的日常活动方式,从时尚的角度来看,它还更是建立在个人喜好和价值观基础上的一种突显自我风采的"生活态度"。

根据行动、目的以及生活中的 TPO (Time/时间、Place/地点、Occasion/场合),选择穿着不同的服装。通常的生活场景分类见图3-4。一般而言,可以将生活划分为职场生活(社会生活)和私人生活(个人生活)。

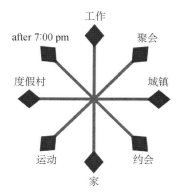

工作

after 7:00 pm　　　聚会

度假村　　　城镇

运动　　　约会

家

图 3-4　生活场景分类

在职场环境中，人们选择穿着正装、商务装以及制服，是为了与社会关系协调一致。而在私人生活中，我们的穿着范围更为广泛，包括时尚、运动服、工作装以及休闲装等，以适应各种日常生活场景。

人们退休后，私人时间占据了主导地位，那么如何分配和充分利用属于自己的宝贵时间呢？在迈入人生新阶段的同时，又如何展现真正的自我呢？参加各类社交活动和兴趣沙龙都是提升时尚兴趣的绝佳机会。

老年时尚学所关注的核心是"让美随着年龄增长"，其中一个至关重要的方面就是选择适合自己的时尚类型。

(2) 优雅的姿态和明朗的笑容是时尚的基石

随着老年人生活质量的提高，每个人都自然而然地意识到：仅仅保持健康是不够的，他们希望看起来更年轻、更时尚。然而，穿着奢华的衣服和追求流行款式并不等同于真正的时尚。

市场售卖的成衣是以优美体态为基准而进行设计的。换句话说，就是像人台般身姿挺拔的站立和行走姿势可以发挥出服装的特点而将人衬托得更美。同时，不要忘记面带微笑。随着年龄的增长，体形和姿势都会发生变化，可能会呈现出圆肩驼背的体态。因此，为了提升着装效果，就需要在日常生活中关注"健康活动""风格、外观、美"等相关事宜，并通过持之以恒的努力积累，培养成为习惯。

(3) 运用色彩巧妙展现年轻风采

麦拉宾法则告诉我们，除了仪容、举止（姿态、动作、态度）、说话方式（声音和语调）等非语言性交流在沟通中起重要作用之外，颜色也是体现一个人形象的最重要因素。

当人们看到一种颜色时，就会产生相关联想。虽然以颜色定形象因人而异，但大多数或整体的倾向性是一致的。颜色也经常与感官相关联，对颜色的感知包括重量、硬度、柔软度、强度和温度，以及色听觉、色味觉和色嗅觉等。

我们可以灵活运用颜色的象征性，来改善随年龄增长而导致的脸色变差、表情暗淡等状况。在脸部附近使用明亮颜色予以衬托，可以显得肤色年轻健康，如上衣着亮色系的夹克、衬衣、毛衣等方式，如果不喜欢亮色，也可以搭配其他色系服装加以中和。

在领部佩戴颜色亮丽的围巾或披肩可成为整体搭配的点睛之笔。粉色、橙色、红色、酒红等暖色系可以使肤色衬托的更加明亮；蓝色系给人一种凉爽、清新的感觉；绿色体现了一种自然、都市感的形象；多色则带给人一种活力感。上衣选择鲜艳、亮丽的颜色，下身配以素色是一种简单而有效的色彩搭配方式。另外，从安全的角度来讲，穿着鲜艳的颜色还可以帮助老年人在夜间外出时减少事故的发生。

在一些国家和地区可以经常看到，选择穿着鲜艳服饰的老年人那种对时尚的热情，反映了他们对健康人生的思考与实践。明亮与健康的肤色会给人留下好的印象。另外，在行走时老年人不仅要保持挺直腰杆，还要注意步态和动作，尽情享受时尚的乐趣。

本书前面插页中彩图 3 展示了常用的色彩搭配方法和效果。巧妙地运用颜色的三个属性，即色相、明暗度和饱和度，以及色彩的配色比例，对于体现着装时的美感来说是非常重要的。所以，掌握有效的配色技巧可以更好地提升服饰搭配效果。照片 3-3 呈现了老年人时尚的穿搭风貌。

照片 3-3　老年时尚的呈现

(4) 通过图案展现个性

在搭配服装时,通过图案的装饰,能够展示出各种不同的风格和形象。例如,花朵和圆点图案因其柔和的特性而广受欢迎,而条纹和几何图案则散发着现代时尚的氛围;格子和印花图案呈现出稳重和成熟感,而动物图案则彰显了独具个性的一面。此外,图案的大小也会对整体形象产生重要影响。小图案往往营造出温和的印象,而大图案则展现出大胆而充满力量的氛围。能理解图案所传递的形象,有助于创造并展现出符合个人喜好的独特风格(图3-5)。

圆点 (整洁、轻柔)	花纹 (温和、柔软)
条纹 (干净、利落)	几何 (现代、锐利)
千鸟格 (平和、阳刚)	佩斯利 (高贵、平静)
动物图案 (魅惑)	大花图案 (气魄、宏伟)

图 3-5 图案印象

(5) 服装廓形可修饰体型

服装的形态主要包括如图3-6所示的轮廓(服装的外形)与细节(设计的细节)两部分。通过这两者的组合,可以表现出多种多样的设计。服装的廓形与时尚紧密相关,廓形的变化受多个因素的影响,包括衣长、肩宽、余量、裁剪线等(参见附录)。由于年龄的增长,许多老年人的体型发生了变化,例如腰围变宽,腰身差变得不再明显。建议选择 H 形、A 形和 O 形的廓形设计,以有效遮掩腰部和臀部。近年来,宽松廓形的服装在市场上受到广泛欢迎,这使老年人既能享受舒适的穿着感,又能满足对时尚的追求。

(6) 通过配饰增添时尚感

服装配饰的巧妙运用可以遮盖老年人身体的特征。在日常生活中,佩戴帽子、饰品、围巾、太阳镜等配饰,能在不经意间展现出成熟优雅的时尚风范。同时,通过佩戴有光泽的项链或耳环,不仅可以衬托、提亮肤色,还可以使面容显得更加华丽(照片3-4)。对于经常佩戴眼镜的人来说,更换彩色镜片或镜框可以有效隐藏眼周围的皱纹,还能呈现出更具时尚感的形象。此外,帽子或头巾可以巧妙地掩饰头发自来卷等问题,而高领衣服则能有效隐藏颈部的皱纹,打造更为精致的外观。

通过巧妙地运用服饰小物,不仅可以遮盖体型上的变化,还能提升时尚感,实现一石二鸟的效果。近年来,发色的选择变得更加多样化,市面上提供了类型丰富的假发和局部假发以供选择。可以根据头发的状态灵活运用,也可在希望改变形象时使用。另外,美甲也能令人心情更加明朗。通过对服装、饰物和发型等整体的搭配,可展现出更具时尚感的形象。

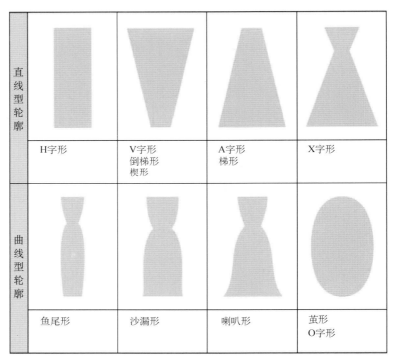

直线型轮廓				
	H字形	V字形 倒梯形 楔形	A字形 梯形	X字形
曲线型轮廓				
	鱼尾形	沙漏形	喇叭形	茧形 O字形

图 3-6　廓形分类

照片 3-4　可点缀简洁连衣裙的项链/耳环配饰

（7）化妆的叠加效果

随着年龄增长，肌肤会出现暗淡无光和松弛下垂等老化现象。化妆成为遮盖这些老化现象的必要手段，因为它不仅能让肤色更加明亮，还能与服装搭配相得益彰。通过选择与服装相近或略深的口红色调，可以营造出色彩的和谐统一，使整体形象更具时尚美感。简单地涂上口红，就能使肤色更加明亮，整个人看起来更加健康有活力。长者的健康和时尚状态不仅会感染、传递给周围的人，也令人感到愉快和欣慰。选择合适的服装颜色和风格可以打造比实际年龄更富朝气的形象。

（8）实现理想中的自我形象

时尚着装的关键在于首先思考自己所希望呈现的形象，或期望他人如何看待自己，然后通过巧妙搭配服装的颜色和图案来呈现。"Coordinate"一词指的是组合或配搭的意思，在服装行业通常指的是将颜色、图案、材质、廓形和服装类型等元素进行组合搭配。目前，这个概念已延伸至包括配饰、箱包等服饰配件和发型等，强调打造出全方位的整体形象。

每个人或多或少都会对自己的体型抱有一些不满。希望显得更高、更苗条，不喜欢自己脸型等问题。通过衣服的颜色、图案、材质、廓形和款式等要素的巧妙搭配，我们可以对自己的外貌效果有所把控。希望每个人都能确立自己心目中的理想形象，在人生的后半程中，以时尚之道尽情享受美好生活。

3.3.2　打造理想自我形象的秘诀

（1）塑造高挑形象的方法（图3-7）

对于希望塑造高挑形象的人，可以采取一些方法使身材看起来更为修长：尝试选择同色系的上衣和下着进行搭配，上下身线条会显得更为纤长，营造高挑的印象。同理亦然，连衣裙也有让人看上去显高的效果。

服装的垂直分割线（纵向分割线）和竖条纹图案比实际长度看起来更显长，轮廓更清晰，可增强身高感。穿着明亮色系的夹克或上衣，在颈部系上有图案的围巾或配饰，戴帽子，也可以让人的视线自然地向上方移动，从而产生一种让人显得比实际身高更高的效果。披发与盘发相比，盘发更有利于展现身材的高度优势。

（2）弱化身高感的方法（图3-8）

对于希望弱化身高感的人来说，关键在于引导视线下移。比如：挑选裤子时选择醒目的色彩或图案，同时与上衣颜色形成鲜明的对比，或借鉴A字形设计，通过配色和设计细节突出下着的分量感，达到视线下移，弱化身高的效果。

与塑造高挑形象相反，将头发散下来的披发会有降低身高的效果。

（3）凸显纤细感的方法（图3-9）

选择稳重的深蓝色、灰色、棕色等深色调，能够塑造出更修长、紧致的视觉效果。

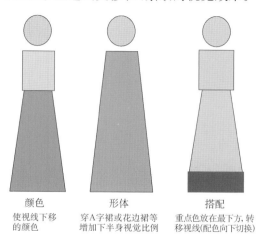

颜色
使视线下移
的颜色

形体
穿A字裙或花边裙等
增加下半身视觉比例

搭配
重点色放在最下方，转
移视线（配色向下切换）

图3-8　弱化身高感的方法

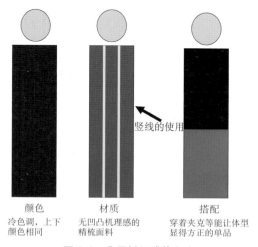

颜色
上下同色系搭配

形体
合身的廓形

搭配
重点放在上衣，使
视线上移

图3-7　塑造高挑形象的方法

颜色
冷色调，上下
颜色相同

材质
无凹凸机理感的
精梳面料

竖线的使用

搭配
穿着夹克等能让体型
显得方正的单品

图3-9　凸显纤细感的方法

选择有一定弹性的薄款或中厚质地面料,配合肩线明显的长方形设计款式,如衬衫或夹克,有助于营造纤细效果。竖条纹或垂直分割(纵向分割)的图案会让人看起来比实际更加修长。需要注意的是,在这组搭配中,面部周围要使用明亮的颜色以提亮肤色。

(4) 塑造丰满形象的方法(图 3-10)

希望塑造丰满形象的人,推荐粉色系或浅色系,并选择柔软且有厚重感的面料,比如毛衣或毛绒质感的服装品类。球状廓形的设计也会产生丰满效果。横向条纹或平行分割的图案和设计会让人的体型比实际显得更宽,同时也表现出稳重感。清晰的图案或富有动感元素的设计会凸显丰满感,适合想要呈现丰满效果的人。

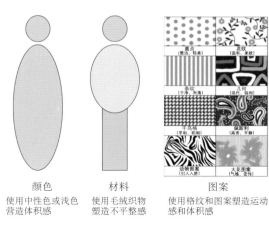

颜色
使用中性色或浅色
营造体积感

材料
使用毛绒织物
塑造不平整感

图案
使用格纹和图案塑造运动
感和体积感

图 3-10 塑造丰满感的方法

(5) 遮盖腰腹的方法

当被问及"你最不满意的部位是哪里?"时,大多数老年人会提到与年轻时相比,体型发生变化的腰围、臀部、胸部等部位。这是随着年龄增长而发生不可避免的身体变化,需要接受这一事实。然而,即使体型发生改变,对时尚的热爱也要依然不减。

为了弱化腰腹部的轮廓,推荐选择比腹围尺寸略大的 H 形、A 形或 O 形廓形的设计。

(6) 把握好长度、比例与平衡的关系(图 3-11)

关于上装和下着宽松度的比例分配,可以将两者综合一起考虑。如果上装长度较长或宽松,建议选择宽松度较小的细长下着进行搭配。根据多年积累的经验可知,上装的长度最好位于从裆部位到膝盖之间的 1/2～2/3,这样能使整体效果更加均衡。另外,若上装长度较短或宽松度较小,则可以选择宽松度较大的下着进行搭配。

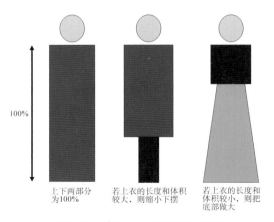

100%

上下两部分
为100%

若上衣的长度和体积
较大,则缩小下摆

若上衣的长度和
体积较小,则把
底部做大

图 3-11 长度、比例与平衡的关系

(7) 把握好脸部、颈部和领型的关系(图 3-12)

每个人的脸部大小与形状、颈部长度以及眼睛、鼻子、嘴巴等特征都是独一无二的。脸部的表情、颈部和领型之间的相互影响与作用,在自我表达时扮演着重要角色。

根据脸部大小的不同,需要灵活选择合适的领口款式。对于脸部较大的人来说,开口较大的领口能够营造出脸部显小的效果;而对于脸部较小的人来说,开口较小的领口则能够使脸部显得较大。

根据脸型与领口的关系：圆脸型的人可以选择 V 领，这样脸部线条会有拉长的效果，不会显得过于圆润；三角脸型的人可以选择圆领或船领，避免脸部线条显得过于尖锐；方形脸（国字脸）的人可以选择圆领，这样可以平衡脸部的棱角；而脸型较长的人则可以选择船领，使脸部看起来较为均衡。

| V领 | 圆领 | 方领 | 船领 |
| 圆脸 | 国字脸 | 三角脸 | 长脸 |

图 3-12　面部和衣领之间的关系

对于脖子较长的人来说，适合选择高领或堆领的款式，而脖子不长的人则应避免选择过于紧贴脖子的领型。

面部轮廓和五官明显的人看上去比较气派，而面部线条圆润和五官清淡的人看上去比较素朴，适合有细节设计的服装款式。

面部轮廓柔和的人适合穿着平领或装饰有蝴蝶结等细腻、温和设计的款式，而面部特征明显的人则适合穿着衬衫领等简约干练的设计，这样可以更好地凸显个人风格与气质。

（8）把握好面部肤色与服装颜色的关系

在选择服装时，我们经常会听到"适合您肤色的颜色"。这说明选择服装颜色的重要性。穿着适合的颜色可以使面部肤色看起来更加明亮、整洁，这不仅塑造了更年轻、更有活力的形象，还能增添自信。然而，不能简单地断言某种固定颜色就是最适合的。为什么呢？因为面部肤色会随时间变化。随着年龄的增长，脸色也会受到气候的冷暖、疲劳感、疾病等外部因素的影

响而发生变化。

在时尚行业中，有很多关于肤色分析的个人色彩课程，通常用春夏秋冬的季节来比喻。根据多年的经验可知，基础肤色大致可以分为黄色系和蓝色系。适合与黄色系搭配的颜色包括橙色系和棕色系，适合与蓝色系搭配的颜色则包括粉红色系和酒红色系。

然而，即使是相同的粉色，也有浅粉到艳粉的区别。所以，建议先根据自己的肤色选择基本色调（如黑色、藏蓝、棕色等），然后从能够让肌肤看起来明亮的色调中，选择自己喜欢的颜色作为强调色来进行搭配。银发时尚学的最终目标就是通过时尚，让年长者展现出更年轻、更精神的形象。

推荐大家有时间多浏览时尚行业的网站，提升对时尚的修养和认知。

（9）把握好基于不同风格的形象分类

通过巧妙地运用颜色、面料材质、图案、廓形和细节等特性以满足不同体型的需求，并努力探索解决方案。在第 7 章详细介绍了脸形、颈部和领形的关系，并提供了个性化的搭配细节建议。这里将深入探讨老年人在风格分类方面可能面临的挑战，即"我希望呈现怎样的形象"。

"taste"指品味或偏好，在服装搭配中通常基于这个词进行形象分类。

表 3-2 所示是其中的代表性分类。我们常常根据服装呈现的风格将其分为浪漫可爱、休闲运动、精致优雅、现代干练等等不同风格，并通过综合搭配服装和配饰的方法来呈现。

在现代社会，人们不再固守一个特定的形象，而是经常将多种风格进行混搭，以表达自己的个性。我们可以设想一下想要呈现的形象，比如"优雅"、"年轻活力"或"现代"，然后尝试将其付诸实践。

表 3-2　风格分类的指标

风格关键词（想呈现的形象）	颜色		图案	面料材质	廓形、细节
	色相、色调	配色			
浪漫 柔美 可爱	粉色系 白色	邻近色 渐变色	碎花纹 圆形纹	雪纺 蕾丝 起毛织物	X形、A形 公主袖 褶皱 荷叶边
休闲 运动 健康	明亮色 纯色 海军色 （红、白、蓝）	对比色 多色	几何纹 POP纹	牛仔 斜纹棉 天竺棉 弹力棉	褶皱 H形 A形 分割线、设计
精致 优雅 知性	自然色系 中明度色 中饱和色	邻近色 渐变色	佩斯利纹 提花花纹	雪纺 乔其纱	合身或飘逸 沙漏形 垂褶
现代 极简 干练	黑、白色 无色系	对比色 装饰色	几何纹	斜纹棉 斜纹呢 弹力面料	修身形 垂直形 分割线、设计
中性 经典 厚重、稳重	低明度色 低饱和度色 冷色系	邻近色 渐变色	无花纹 条纹 格纹	粗花呢 绒布	V形 垂直形 细褶皱
华丽 妖娆	黑色 金色 银色 明亮色	对比色 多色	几何纹 大花纹 动物纹	天鹅绒 塔夫绸 闪光面料 弹力面料	修身 X形 垂褶

3.3.3　享受季节变幻

　　中国与日本都是一个四季分明、自然环境优美的国家。参考自然中的颜色与形象，根据季节变化调整时尚风格，会让生活更加丰富多彩。春天可以选择柔和的装扮，夏天可以选择凉爽的材质，秋天可以选择自然深沉或温暖感的色彩，冬天可以选择保暖的着装。在新年和其他节日则可以选择华丽的礼服，可使人们透过四季不同风格的着装，领略季节变化的美。

　　让我们通过色彩、纹理和图案的巧妙运用，打造出适应每个季节的时尚风格。

3.3.4　将传统元素融入设计中

　　现今，人们在日常生活中主要以西式服装为主，但在过去无论是中国还是日本都穿着本民族的传统服饰。传统服饰是在各国生活文化和传统技术培育下诞生的，展现出卓越的织绣、染色等技艺以及当地人们所追求的美学观。

　　近年来，已经尝试过许多洋装品牌的女性们开始对传统服饰产生了兴趣，将其视为一种独特、令人心动的时尚单品。除此之外，也有人因传统服饰带来的美好回忆和憧憬而穿戴，亦或出于节约考虑，重新利用衣柜里的存货，甚至有些人对传统服饰进行再设计以满足个性化需求，这些因素引发了对传统服饰改造热情的日益高涨。简约的直线型裁剪和传统图案的连衣裙，可以与各式裤子搭配成日常服装，而带有传统元素的衬衫、马甲、披肩等也可与洋装相搭配，注入民族地域特色。对于年长的男性来说，在日本有一种称之为"作务衣"的传统服饰，作为休闲着装备受欢迎。"作务衣"采用传统的蓝染面料制作而成，穿着舒适。样式宽松、方便活动的袖子和衣身设计，以及方便穿脱的裤型，使其成为日常着装的理想选择。很多传统服饰中的直线裁剪和包裹式的设计，对于无论是苗条还是丰满的人而言，都可以轻松穿脱，成为一种适用于各种人群的通用时尚设计。（照片 3-5、照片 3-6）

希望人们在传承各国传统文化的同时，也能享受时尚的乐趣。

照片 3-5　和服改造作品

照片 3-6　和服改造后的作务衣

关于着装理念的调查

在神户市终身教育机构的支持下，进行了"高龄群体着装理念调查"。该调查在 2019 年 9 月至 10 月进行，共有 100 名年龄介于 60 至 70 岁之间的健康女性参与。采用了问卷和访谈的方式，以深入了解她们对服装的看法和观念。

● 时尚理念

调研显示大多数受访者对时尚很感兴趣,希望变得时髦(图 3-13)。在自认为是时尚的受访者中,有超半数的人对时尚虽有兴趣,但并未付诸实践。原因主要包括不知道穿什么和如何搭配等与服装搭配相关的问题最为突出,其次是觉得搭配麻烦、没有喜欢的设计等。特别是担心搭配变得单一,这和前面认为搭配麻烦的问题有一定的相关性。另外,还有一部分人提到了与相关商品的搭配问题,比如不懂如何与发型和配饰进行搭配等(图 3-14)。

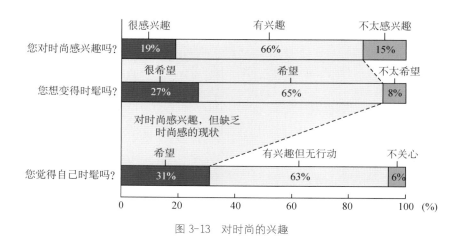

图 3-13　对时尚的兴趣

图 3-14　无法进行搭配的原因

● 身材的优点与劣势

当被问及自身不满意的部分时,表示没有什么不满意的人最多、其次是笑容、姿势、眼睛等部分。自认为最有魅力部分依次是:身体协调性、姿势、腰部和臀部。

身体协调性和姿势这两个选项同时出现在不满意和满意两个方面。在讨论不满意的部分时,提到了与年轻时相比发生变化的体型部分,包括腰部、臀部、胸部等身体部位。这反映了受试者对身体美感的高度关注。

● 现有服装

大多数人穿着市场售卖的成衣,是由本人进行的款式选择。对成衣的满意度约为70%,持不满意态度的受访者主要涉及外形相关问题,比如不合身、没有喜欢的设计等。

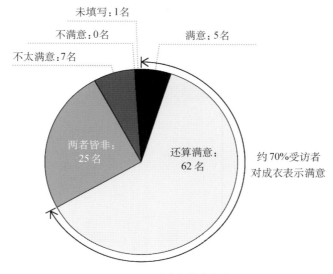

未填写:1名
不满意:0名
不太满意:7名
满意:5名
两者皆非:25名
还算满意:62名
约70%受访者对成衣表示满意

图 3-15　对成衣的满意度

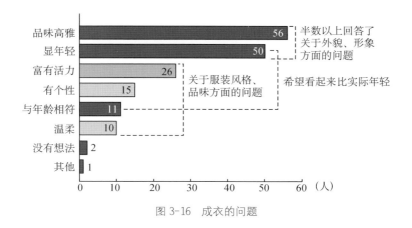

品味高雅　56
显年轻　50
富有活力　26
有个性　15
与年龄相符　11
温柔　10
没有想法　2
其他　1

半数以上回答了关于外貌、形象方面的问题
希望看起来比实际年轻
关于服装风格、品味方面的问题

图 3-16　成衣的问题

● 期望呈现的形象

关于期望呈现的形象中,"品味高雅"选择最多,其次是"年轻、富有活力"占了半数,接着是"积极活跃"。比起"与年龄相符"的形象,更多人希望呈现出"有品味、年轻活力和积极活跃"的形象(图3-17)。

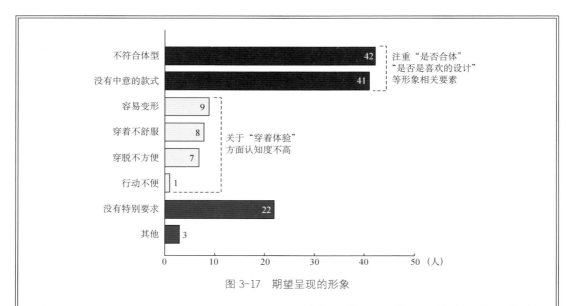

图 3-17 期望呈现的形象

● 服装购买地点

在购买服装时,专卖店是首选,其次是百货商店、大型超市和折扣店。网购排名第四。调查结果显示,年长者更愿意亲自前往实体店购物,因为网购存在试穿不便、退换繁琐的问题,并且常常与期望不符。

● 服装购买决定因素

关于购买服装时最关注的前五项因素如图 3-18 所示。约有一半以上的人重视与外观造型相关的设计、颜色和材质。价格是最受重视的因素,可能受到当前快时尚的影响,人们更希望购买在可接受价格范围内的性价比更高的服装。相较于品牌和流行趋势,更多人看重的是着装舒适度和与体型的相适度等功能性因素。

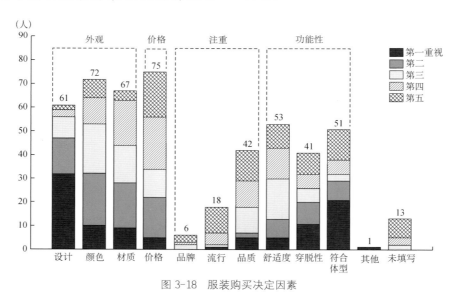

图 3-18 服装购买决定因素

● 自由叙述

1) 关于搭配
- 不喜欢过多纠结,也不想花太多钱。
- 上衣通常是 T 恤,下身则选择牛仔裤作为基本搭配。
- 偏爱简约的颜色,如黑色、白色、灰色和蓝色(因为容易搭配)。
- 重视穿着的舒适度和材质的好坏(比如快干性等特点)。
- 适度地融入一些时尚流行元素。

2) 关于体型
- 最近,流行的服装多半适合高大的人,而对于个子矮小的自己来说,衣服的长度太长。
- 由于尺寸不合适,购买衣服时会花费很多时间。
- 适合女性的短裤款式较少。有的裤子露出肚脐或者过于紧身,很不舒服。不过,试穿男性用的非前开口的短裤后,发现材质有很好的弹性,也不压迫腹部,非常舒适。

3) 关于饰品
- 配饰搭配起来很麻烦,平常也不怎么戴饰品。

- 希望能够找到对皮肤友好的配饰(低敏感材质)。
- 由于金属配件较细小,希望能找到方便穿戴和脱卸的配饰。
- 夏季容易出汗,不太愿意戴配饰,但有时会觉得没有配饰感觉有点寂寞,还是会选择佩戴。

4) 关于鞋
- 在针对老年人的 3～4 cm 高的高跟鞋中时尚的款式比较少。
- 希望能够找到穿着舒适的鞋子,且尺寸合适。
- 希望能够提供和开设适合步态和体型有问题人的培训或咨询服务,希望能够用自己的双脚自由地走到最后。

5) 建议与期望
- 因为不确定自己喜欢的服装是否适合自己,所以希望能够得到服装搭配方面的建议。
- 想要了解适合自己肤色的颜色,并希望得到相关的服装建议。
- 渴望能够穿上自己喜欢的设计款式。
- 希望能够观看一些适合中老年人的服装秀,从中获取一些灵感和参考。

注: 本调查中图表由铃木彻制作。

UNIVERSAL
FASHION

第 4 章

残障人士的体态特征与日常着装

在推进通用时尚的过程中,通过深入理解残障人士的行为和生活环境,我们能够发现与着装生活相关的一系列问题。本章将深入探讨残障人士的身体特征,以及通过对残障人士进行调查所得到的与着装生活相关的问题和挑战。这将有助于更全面地理解并解决残障人士在时尚领域面临的困境。

4.1 残疾的基本概念与体态动作

4.1.1 残疾的分类

残疾的原因有些是先天性的,但大多数是由疾病或事故引起的,特别是随着年龄的增长,这种情况也会越来越多发。残疾人士在社会生活中会面临比普通人更多的困难。根据世界卫生组织(WHO)公布的国际分类(1980)分为:残损(Impairments)、残疾(Disabilities)、残障(Handicaps),并有相应的定义。

(1) 残损

这些异常可能是源于心理、生理和解剖学角度的结构和功能缺损所引起的。包括由脑卒中导致的右侧手足失去运动能力,脊髓损伤导致的下半身无法活动等身体功能障碍。此外,还可能包括股关节和膝关节的屈曲限制、强直等问题。

(2) 残疾

个体能力障碍,指在日常生活中不能以正常的方式或受限制地进行"进食""行走""穿脱衣服"等基本日常生活动作。康复训练能够有效地恢复这些能力。同时,也可以依靠辅助性器具来弥补这些功能上的不足。

(3) 残障

患有社会能力障碍或残障的个体,可能会因此在社会参与和活动时受到一定的限制,这被称为社会环境不利。文化、社会、经济和环境等各种因素都有可能成为日常生活中的障碍。例如,社会环境或制度的不完善、获取信息困难、交易的不便以及意识上的偏见等,都可能是导致社会环境不利的原因。

残疾人保障法(以日本为例)中,"残疾"被定义为身体残疾、智力残疾、精神障碍(包括发展障碍)以及其他身心功能上的残疾。其中,身体残疾被细分为四类:肢体残疾、内部器官残疾、听觉/语言障碍和视觉障碍。图4-1显示了日本残障者基本法中的分类情况。

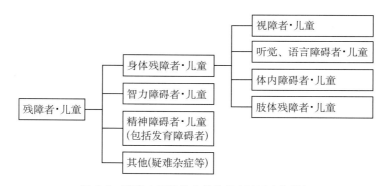

图 4-1　残疾人保障法中的分类(以日本为例)

4.1.2 日常生活活动

日常生活活动(ADL:Activity of Daily Living)是指人们在日常生活中能够自主独立进行"进食""行走""穿脱衣服"等一系列照顾自己生活所必需的基础性活动。

日常生活活动(ADL)是以康复或护理角度对日常生活能力进行评估的标准值,通常涵盖了家庭生活中的自理动作。ADL包含如表4-1所示的动作项目,其评估尺度分为独立、部分独立、完全依赖这三个阶段。此外,还有日常生活相关动作(APDL: Activities Parallel to Daily Living)的标准,涵盖了烹饪、清洁等家务活动以及购物、使用交通工具等,比 ADL 更广泛的生活领域的活动。还有被称为工具性日常生活活动(IADL: Instrumental Activity of Daily Living)的标准,包括现代生活中必需使用工具进行的活动。

可以考虑借鉴 ADL、APDL 和 IADL 的评估标准,以探讨如何帮助老年人和残障人士提高日常生活的自理能力和生活品质。

表 4-1 日常生活活动(ADL)

起居/移动动作	起居/移动动作可以分为翻身、起床、坐下、站立、行走(爬行/奔跑)这五种形式。这些动作都是在人无意识中进行的,但如果顺序不同,动作就会显得不自然且易引发其他问题。当存在能力障碍时,这些动作往往无法顺利完成。在这种情况下,需要请求护理人员提供相应的支持和帮助。
更衣动作	更衣动作是指与衣物穿脱相关的动作。穿上衣包括拿取上衣、穿入一只手臂、再穿入另一只手臂、扣上前面的纽扣(或从头部套入)、整理上衣、脱下上衣等步骤。穿裙子和裤子包括拿取裙子或裤子、穿入腿部、拉至腰部、扣上纽扣或拉上拉链、脱下裙子或裤子等步骤。对运动功能正常的人群来说,穿脱衣物是很容易的,但如果身体或手指的运动功能出现障碍,穿脱衣物就变得困难。在这种情况下,可以使用适合残障人士的自助辅助工具来解决问题。
容貌整理动作	容貌整理动作是指通过使用上肢和手指的运动功能进行精细动作的过程,包括洗脸、刷牙、剃胡须、理发、修剪指甲、化妆等行为。如果身体或手指的运动功能出现障碍,进行这些动作就会变得困难。在这种情况下,可以使用适合残障人士的自助辅助工具来帮助完成这些动作。
沐浴动作	沐浴动作是保持身体清洁,并观察自身身体变化的行为。同时,它也是促进心理放松的时刻。这个行为包括基于移动动作的一系列连续动作,如更换衣服、清洗身体、擦拭身体等。如果一个人无法独自完成入浴动作,就可以寻求帮助者的帮助,确保当事者的身体保持清洁。
排泄动作	排泄动作被认为是每个人自立的标志性行为,大多数人通常会自主独立进行。排泄动作涉及移动、更衣和清洗等动作。如果一个人不能独自完成这些动作中的任何一个,就需要寻求护理者的帮助。并根据障碍程度和 ADL 中的自立度来作出相应的安排和措施。
进食动作	进食动作主要涉及感觉功能的使用和上半身的移动动作。进食动作包括决定吃饭的顺序,将食物拉近自己,使用筷子或勺子将食物送入口中,咀嚼,将用过的盘子或杯子放置并决定接下来要吃的东西,以及将用过的碗碟进行叠放等一系列动作。在普遍使用筷子的国家和地区,如果出现使用困难的情况,就可以考虑使用适合手指运动功能的勺子或叉子等工具。

4.1.3 生活辅助器具

残疾、老化和事故等原因所导致的身体功能障碍,会给日常生活带来不便。如若腿脚行动不便,则想要外出却受限制;若手部灵活度的下降,则导致使用筷子不便,进餐时容易将食物泼溅出来;若手指僵硬,则无法扣紧纽扣等。每个人都会面临不同的问题和困扰。那些能够协助有需要的群体以自己的节奏生活的用具或装置称之为辅助器具。这些器具是为了帮助年长者或身心残障者能够方便日常生活而设计的工具,或进行功能训练的辅助用具和装置。相关的辅助工具、治疗用具和日常生活用具属于福利保障补助项目。

辅助器具是指用来弥补身体残疾者身体上失去或受损的部位,以及改善、辅助身体功能的工具。包括导盲杖、义眼、眼镜、义肢、轮椅、助行器等。

医疗护具是指用于疾病、残疾等治疗过程中所必需的器具和设备,以促进功能的恢复和改善,其中包括腰带、支撑器、关节用护具等。

日常生活器具是指为了帮助身体功能下降、日常生活受到困扰的老年人或居家的重度残障者,方便日常生活、增强自理能力或减轻家人照顾负担的改进型工具和设备,包括浴缸、便器、床铺、盲人用时钟等。

着装方面涉及到穿脱和整理行为。如果身体有障碍,这些行为可能会变得困难,但使用辅助工具可以帮助自理并让这些动作更加顺畅。日常着装相关的自助工具包括:

1)扣纽扣工具①。(照片4-1)

2)穿脱袜子工具②。

3)伸长器③。

4)长柄刷子/防滑带梳子④等。

合理使用辅助器具可以弥补老年人和残障人士在身心功能上的障碍,促进日常生活的自理能力,提高生活质量。同时也有助于增进他们在社会中的参与度,减轻护理者的负担。

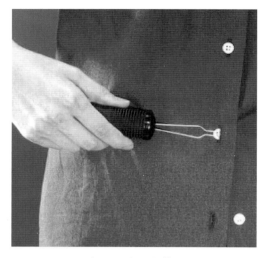

照片4-1 扣纽扣辅助器

未来,随着包容性社会的普及和发展,我们期望有需要的人们能够充分利用辅助器具,积极参与文化活动、运动、旅行等,让生活充满乐趣。

4.2 残障人士在日常着装中的难题与对策

4.2.1 肢体残障者的日常着装

肢体障碍是由运动功能受损引起的一种情况,主要疾病和损伤包括脊髓损伤、脑卒中、慢性关节类风湿病、渐进性肌肉萎缩症、脑性瘫痪、骨关节疾病、头部外伤等。

为了方便肢体残障者的生活活动,需要提供适当的生活环境改善(如无障碍设施等)和辅助性器具,以及人力协助。在衣着生活方面,我们需要充分理解肢体障碍的类型与特点,并在配搭和设计衣物时做出相应的考虑和改进。

① 扣纽扣工具:用于帮助难以系纽扣的人,使纽扣容易扣上的自助工具。
② 袜子穿脱工具:用于帮助穿脱袜子困难的人,此工具可以使脚后跟轻松套入袜子,方便穿脱。
③ 伸长器:用于帮助四肢活动受限的人,在无法够到的位置帮助衣物穿脱的自助工具。
④ 长柄刷子/防滑带梳子:用于肩部或肘部关节活动受限的人,根据需求调节柄的长度或配有防滑带,以方便梳理头发。

（1）单侧肢体瘫痪者

引起单侧肢体瘫痪的疾病包括脑卒中范畴的脑梗塞和脑出血。根据损伤的位置不同，可能出现单侧瘫痪、发音障碍、失语、意识障碍、瘫痪侧的感觉障碍、头痛、眼球的内下方偏位、高级脑功能障碍等症状。

单侧瘫痪表现为两种状态：一种是肌肉僵硬的"痉挛性瘫痪"，另一种是肌肉处于松弛状态的"弛缓性瘫痪"。由于瘫痪的程度不同，日常生活活动需要更多的时间，影响整体生活。同时，也可能由于失语症等原因，导致交流受阻。但是，通过功能康复训练可以防止残存能力的下降。在适合的辅助工具协助下，不仅可以实现基本的日常生活活动、家务活动和兴趣爱好等，甚至还可以驾驶经过改造的汽车。

偏瘫患者的衣着生活主要涉及因上下肢麻痹所导致的在"穿脱衣物"和"着装变形"方面出现的问题。

在"穿脱衣物"方面，由于患病侧的上下肢无法活动，无论是穿外套的袖子还是套裤腿，都需要更多的时间。脱衣服也同样需要花费较长时间和力气。因此，考虑到单侧瘫痪者的需要，对衣服进行不同程度的改良是非常重要的。例如增大纽扣或将纽扣孔做成纵向方向，以便于单手穿脱。此外，选择前开口式的上衣而非套头式的也是一个不错的选择。

关于"着装变形"的问题，由于偏瘫引起的肩部倾斜角度不均，会导致衣领偏移，领口、文胸吊带和肩带等的滑落，同时在行走时衣服也可能会产生扭曲或旋转。为了防止衣服的变形，需要注意衣服的形状，选择领口较小的款式是非常重要的。对于袖子，也需要改变设计思维方式，在保证舒适度和活动范围内选择用不太担心肩/袖部

滑落的上衣。同时选择不易滑落的面料也是防止着装变形的关键要点。

（2）四肢瘫痪/对侧瘫痪者

由于脊髓的损伤位置不同，脊髓损伤导致障碍程度各异，但大多数患者会出现四肢瘫痪/对侧瘫痪。四肢瘫痪/对侧瘫痪患者由于下肢麻痹，多数需要使用轮椅。由于依赖轮椅进行移动，导致日常生活活动变得困难，对整体生活造成影响。

四肢瘫痪/对侧瘫痪患者在日常穿着中面临多方面的困难，包括"体型、姿势的变化""生理功能的变化""运动功能的下降""感知功能的下降"等问题。

在"体型、姿势的变化"方面，由于日常生活中使用轮椅，造成坐姿变化，导致腰围和臀围会比站立时更宽，从而裤子或裙子变紧。裤子后腰部分会下滑，露出背部，上衣的纽扣也可能会出现松动、敞开等问题。因此，在设计时需要考虑在腰围和臀围部分增加余量，并选择具有弹性的材质进行相应改进。

特别是在裤子的设计上，需要重新审视裆部的前后平衡、形状和材质问题，这是非常重要的。在选择上衣时，可以考虑套头式的款式，如果是前开襟式的，那么建议选择前襟较宽松或采用交叉式设计。同时，还需要注意袖子的设计，以避免与轮椅摩擦，并选择不容易被卷入轮椅且更为安全的袖型。

关于"生理功能的变化"，由于偏瘫患者的体温调节能力受限，夏季体温散热困难，冬季则容易受寒，因此，需要根据季节变化考虑衣服内气候的变化。例如，在夏天选择通风性良好的材料以促进体温散热，使用透湿防水材料等；而在冬天，选择围绕颈部、腰部和脚部等部位的帽子、围巾和膝盖毯等保暖设计，并使用温暖轻便的

材料。另外,从生理功能角度出发,由于并发症可能会涉及到排尿和排便问题,因此在设计上还需要有针对性的考量和调整。

"运动功能的下降"会造成衣物穿脱困难。因此建议像偏瘫患者一样选择套头式衣物。对于裤子,需要使用有弹性的面料,并巧妙地运用拉链、魔术贴等辅料,以方便坐姿姿态时也能轻松穿脱衣物。

关于"知觉功能的下降"方面,由于患者依赖轮椅,需要保持长时间的坐姿,硬质面料和缝线会对皮肤产生压力,增加褥疮发生的风险。为了预防褥疮,选择透气性好的面料,并尽量避免使用厚重且摩擦程度大的面料,这是非常重要的。同时,也要避免使用紧身裤适配的松紧带,减少在裤子后部有过多的褶皱、压褶、口袋和裁剪线等设计。

(3) 关节类风湿患者

对于关节类风湿病患者而言,由于关节疼痛、变形和僵硬,会导致关节运动不灵活,关节的活动性下降,因此需要注意衣物的穿脱安全性以及关节的保暖等生理功能。

特别是当使用辅助器具来预防关节变形时,在衣物设计时考虑避免与辅助器具产生摩擦十分重要。为了防止关节的受寒,建议根据实际情况灵活选择衣物,包括内衣(在关节部位采取加厚或保暖设计的款式)、背心、开衫、围巾、帽子等,以便调节体温。此外,选择立领、衬衫领或高领等设计可以有效地增加保暖效果,还要注意使用轻便而保暖的面料。

(4) 脑性瘫痪者

脑性瘫痪是由于小脑功能损伤导致的运动障碍,患者往往面临关节和手指活动困难,容易将食物溅出、流口水,手脚也可能会突然抽动,并常伴有排泄障碍等并发症。

脑性瘫痪者的衣着生活需要考虑到"方便穿脱"、"保持干净"和"方便如厕",因此需要对衣服进行改造和设计。

对于"易于穿脱"的服装,通常会选择套头款式,但具体还是需要根据个人身体情况和所穿衣物的款式进行辅助性设计。例如,在参加婚礼、葬礼等场合穿着西服时,可以在袖子下部至腋下之间使用拉链,以方便穿脱。

关于"保持干净",可以通过改良围兜或围裙来解决。可以在围兜的袖口加入橡皮筋或者在肘部添加塑料涂层,来防止食物溅泼。另外,也可以在围裙上添装毛巾,来应对口水的问题。

关于"方便如厕",可以在设计和改造裤子时考虑使用弹性面料并配合辅助配件。在这方面,需要借鉴并采纳护理人员的意见,并根据每个人的具体情况进行相应的改良。

(5) 渐进性肌肉萎缩症患者

渐进性肌肉萎缩症是一种骨骼肌变性的疾病,会导致运动困难,且随着病情进展还可能会导致卧床不起。在日常着装时,可能会面临一些问题,如"衣服穿脱困难"、"易患褥疮(床垫疮)"、"食物泼洒导致衣服难以保持干净"、"排泄障碍"等。为了预防褥疮,可以选择低敏性面料,并避免缝线直接接触背部或肩膀的服装款式。在解决衣着的穿脱、食物溅洒、排泄等方面,可以参考类似脑性瘫痪患者服装的应对措施。

(6) 四肢缺损/截肢者

四肢缺损/截肢者通过使用义肢、轮椅、拐杖等辅助器具以及残余的身体能力,进行各种日常生活活动。

使用义肢时,裤子可能会卡在义肢的某个位置,导致穿脱困难,甚至还可能损坏裤子。另外,还会出现衣服在健康的一侧腿部到裤脚处扭曲的问题。在这种情况下,需要考虑辅助器具的厚度以及左右腿的长度和宽度等方面进行改良设计。此外,由于关节部位容易感觉冷,选择具有保温设计的衣服也是必不可少的。

4.2.2 其他类型残障人士的日常着装

(1) 膀胱/直肠功能障碍者

膀胱/直肠功能障碍指与排尿和排便相关的障碍。这些生理行为包括感受尿液和排便的需要、识别厕所或便器、移动、脱衣服、使用便器、排尿和排便、整理卫生、穿衣服、移动等一系列动作。为了能够顺利完成这些动作,必须保持日常生活活动能力(ADL)、智力和心理能力,以及膀胱、尿道和直肠功能的正常。

对于膀胱/直肠功能障碍者来说,需要在厕所等设施中安装洗净装置等必要的辅助器具。治疗有时可以改善症状,但在无法治愈的情况下,就需要适当地使用辅助器具,以确保排尿和排便的顺利进行。

膀胱/直肠功能障碍者的日常着装,需要同时从生理和心理两方面进行考虑,特别要注意防止皮肤炎症或糜烂,以及排泄物的气味等。

"皮肤的炎症和糜烂"是由排泄障碍引起的。当大小便失禁导致排泄物附着在皮肤上时,可能引发皮肤炎症和糜烂。在使用造口①或留置导尿管②时,皮肤炎症和糜烂发生的情况较为普遍。因此,需要在裤子、内衣等服装中巧妙地采用具有弹性且对皮肤友好的面料和辅料,以方便排泄。

"排泄物的气味"对于膀胱和直肠功能障碍者来说,往往比其他障碍对心理产生的影响更大。粪便和尿液的气味可能不仅

影响他人,还让患者担心排泄状况是否良好,从而导致不愿与他人见面。由于外出时更换尿布或处理造口袋中的排泄物比较繁琐且耗时,可能会造成社交生活的不便。为减轻他们的心理负担,应在设计裤子和内衣时注重是否便于穿脱,并使用具有消臭效果的面料。

(2) 听觉障碍者

听觉障碍是一种由于外耳到中耳的传音系统或三半规管之后的感音系统中受到损伤而引起的障碍。根据损伤的部位,可以分为传导性听力损失和感音性听力损失。当传音系统受损导致听力减退时称为传导性听力障碍;当感音系统受损导致听力减退时称为感音性听力障碍;如果传音系统和感音系统都有损伤,则称为混合性听力障碍。听力程度以分贝(dB)表示,根据日本当地的《身体残障者福利法》,双耳听力水平达到或超过 70 dB 的人即被视为听觉障碍者。

听觉障碍者一般从外表上不容易被周围人察觉到障碍的存在。曾经历过日本阪神淡路大地震的听觉障碍者提到,由于在避难所无法听到室内广播,造成了不便。考虑到听觉障碍者的需求,可以采用振动式闹钟唤醒、使用闪光灯进行紧急通知以及设置视频显示屏传递信息等措施。

听觉障碍者在日常生活中,会遇到与他人交流困难的情况,特别是在行走时,需要特别注意交通事故发生的可能性。因为他们难以通过声音来察觉危险,所以无论是白天还是黑夜,无论雨天还是晴天,让自行车、摩托车和汽车等交通工具的驾驶者

---

① 造口:人工肛门,在消化器疾病或泌尿系统疾病术后,为获得排便或尿液的通路,将消化道或尿路人为地引导至体外形成的开放孔。

② 留置导尿管:由于某种原因导致无法排尿时,用于从膀胱排出尿液的固定管。

注意到自身的存在是非常重要的。为了避免危险的发生，可以选择穿着颜色醒目或图案明显的服装，或在服装和配饰的设计中加入反光材料，提高视觉上的可见性。

对于听觉障碍者来说，使用标志性符号或吉祥物标志来表明自己的身份也是有效的。然而，由于每个人的情况各不相同，以公开方式告知他人自己是听觉障碍者需要谨慎处理。未来，应该将服装设计作为安全和沟通工具来加以利用。

（3）视觉障碍者

视觉障碍通常根据障碍程度分为"盲"和"弱视"。"盲"指日常生活因视觉困难而受影响。从医学上来说，"盲"指视力为0的状态，即完全无法感受光线，可能是先天性的，也可能是在婴幼儿期丧失视力，还有可能是因事故或疾病导致视力丧失。后者一般称为"中途失明"。"弱视"指视觉能力虽然存在，但在日常生活中依然存在显著不便的状态。

据说人类感官信息中大约80％来源于视觉。视觉障碍者在日常生活中需要依靠记忆确认物品的位置。在室内，他们会预先确定厨房、洗手间、浴室和衣柜等位置以及各种物品的摆放位置。需要特别注意的是避免放置可能会妨碍他们行走的物品。

在我们生活环境的规划中，需要考虑在各种开关、按钮等设施加上点字说明，或者在人行道等地铺设视觉障碍者用的导向块（点字块）。不仅仅限于触觉方面的改良，还需要注意颜色和光照环境的控制，以及利用嗅觉来打造适合视觉障碍者的场所等措施，也是值得我们重视和考虑的方向。

视觉障碍者在行动方面可能没有问题，但由于缺乏视觉信息，导致确认、识别、判断等方面变得困难，日常生活中需要自理、家务管理等许多活动都变得不便。无论在室内还是室外的活动也都面临危险，与社会和他人之间的交流也变得困难。在日常着装需要特别留意服装的"前后、正反"方面，且由于无法辨别颜色，他们对于服装的搭配变得尤为困难。同时，在衣服的管理方面也会遇到问题，比如衣物的收纳与洗涤分类会受到一定的影响。

因此，需要对衣物做一些巧妙的处理，比如在衣服的正反面和前后方加上标记，用点字标签来区分颜色和材质，为配套的衣物和成对的鞋子进行标记也是有效的。另外，还可以切换思考角度，设计没有前后之分或可以正反穿着的款式。

（4）认知障碍者

认知障碍指智力功能逐渐下降，表现为记忆障碍、判断力和理解力减退等症状。随着症状的加重，患者可能会出现妄想、兴奋、焦虑等心理失控的情况，还可能出现频繁徘徊等行为。未来，随着人口老龄化的加剧，认知障碍患者数量的增加将成为一个不可忽视的问题。

在日常着装方面，由于认知障碍的影响，可能无法进行化妆、整理外貌，对于衣服正反面和前后方向的区分也逐渐模糊。我们期待在认知障碍的早期阶段，让穿脱衣物和享受时尚活动的过程成为融入生活中的令人身心愉悦的一种康复性活动。

（5）恶性肿瘤患者

近年来，以日本为例，癌症（恶性肿瘤）已经成为死亡原因的首要因素，据称两个人中就有一个人会患上癌症。随着年龄的增长，癌症的发生风险逐渐增加，对于人口老龄化日益加深的日本来说，这将是一个严峻的挑战。

癌症的治疗方法包括手术治疗、使用抗癌药物的化学疗法以及放射疗法等。但由于化学疗法的副作用，可能会引起脱发、疲劳、头痛、反胃等不适症状。这些副作用会在治疗期间持续存在，对于需要反复长期接受治疗的癌症患者来说，身心负担巨大。

癌症患者的日常着装需要综合考虑多方面因素。特别是在住院期间，除了关注住院服的功能性外，还需重视减轻因脱发而引起的羞愧感，这在心理层面上至关重要。

目前，专为癌症治疗副作用导致的全脱发阶段设计和开发的假发不断取得进步。假发的材料包括真人毛发和仿真合成纤维，而且发色和发型种类繁多，为患者提供了丰富的选择。

关于假发的佩戴，有网帽穿戴或用发夹固定佩戴的方法。然而在治疗期间，由于身体状况，可能会导致头皮疼痛而无法使用常规的穿戴方法。这种情况下，为患者准备帽子则成为一种有效的解决方案。

在选择帽子的材料时，建议采用通风性和保暖性兼具的棉、丝、毛等平纹织物。目前的设计主要以筒状为主。在未来，需要根据患者需求提供适合各种生活场景的多样化设计。

UNIVERSAL
FASHION

第5章

通用时装的设计

实现"通用时尚"，需要考虑人与服装及社会环境之间的舒适关系并进行相应的设计，这是至关重要的。在了解前几章中描述的老年人和残障人士的身体特征基础上，本章将具体介绍在不同服饰品类中需要重点考虑的设计要点和技巧。

5.1 商品策划/设计创意

5.1.1 面向不同体型的服装

与欧美地区相比，日本的服装尺码常常被指可选择范围太小。

日本服装制造商所推出的成人女性成衣大部分都是以健全人士的 9 号尺码（相当于中国的 S 码）为中心进行设计的，并且在该尺寸前后的尺码区分也非常有限。这些尺码仅仅是服装的大小，并未考虑到体型的差异。相比之下，美国不仅尺码范围大，而且每个尺码都大约有对应的 7 个不同体型分类。

人的体型从瘦到胖千差万别，体型本身也是个体独特的特征。然而，尽管存在如此多的体型差异，但日本常常使用"标准尺码"一词。从尊重个性和多样性的角度来看，这一用词的合适性是值得商榷的。

在健康的人群中，这个问题已经受到关注，更不用说适应老年人和残障人士这类体型和身体功能有所不同的群体了。为他们设计合适的服装变得更加迫切。

时装是连结日常生活与社会的令人愉悦的媒介。保证服装的舒适度对于服装制作来说是最基本的任务。

接下来，将详细介绍专为老年人和残障人士设计的各种品类及相关部件的商品策划理念和设计创意。

5.1.2 适合身型的设计

（1）脊背弯曲体态

随着年龄的增长，体型会发生变化。例如，老年人常常会出现背部弯曲和前倾的体型特征（图 5-1），此时上半身尺寸呈现出背宽稍宽、胸宽稍窄的情况。也就是说，

当前倾体型的老年人穿上外套时，衣服前摆会下垂，衣服后摆则会翘起。

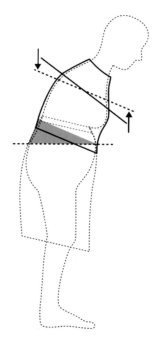

图 5-1 脊背弯曲体态

为了使服装在适应体型的同时，呈现出平衡且美丽的廓形，可将前衣长缩短，后衣长延长，使衣服下摆与地面平行。同时，通过略微调整背宽和胸宽尺寸，使衣服更加舒适、易于活动。

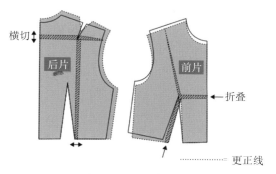

图 5-2 上衣的修正

如果上衣的前领口出现下垂的情况，则可以通过提高前襟位置来进行调整，以适应颈部轮廓。

（2）腰椎弯曲体态

腰部弯曲体态也会呈现前倾的体态（图5-3）。穿着裙子时，同样受身体尺寸变化的影响，裙子前摆下垂，后摆翘起。

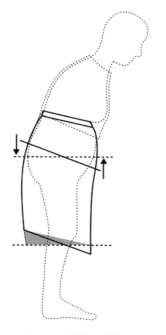

图5-3　腰椎弯曲体态

为了符合体型的需求并呈现出平衡美丽的廓形，需要将前裙长调短，后裙长调长，使裙摆与地面平行（图5-4）。

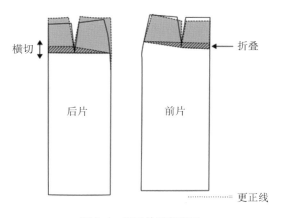

图5-4　裙子的腰部修正

同样，穿着裤子时，前立裆过长，后立裆不足会露出腰部（图5-5）。为符合体型特征，使裤型更适合活动，应该将前立裆调短，后立裆调长，并适量增加宽松度。

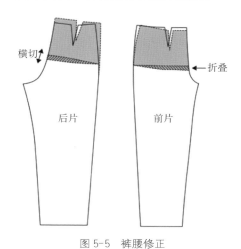

图5-5　裤腰修正

（3）腹部突出体型

随着年龄的增长，下腹部会积聚皮下脂肪，许多人会出现腹部突出的体型特征（图5-6）。

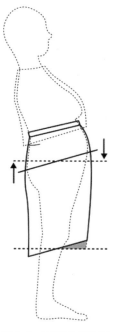

图5-6　腹部突出体型

穿着裙子时,与前倾体型相反,裙摆前侧会翘起,后侧会下垂。为此需要增加前长,减短后长,裙摆调整至与地面平行。另外,可以稍微调宽裙子前幅宽,相应地缩窄后幅宽,营造前后差距,使裙子穿起来更为舒适(图 5-7)。

(4) 腰臀围差小的体型

随着年龄增长,腰围会变宽,出现腰臀围差距较小的直线体型的情况较为普遍。穿着裙子或裤子时,腰部尺寸不足可能会出现褶皱或裙子上部被腰带部分勒住等情况。为适应此类体型,应适当增加腰围尺寸,并减少腰臀围尺寸之间的差距(图 5-9～图 5-11)。

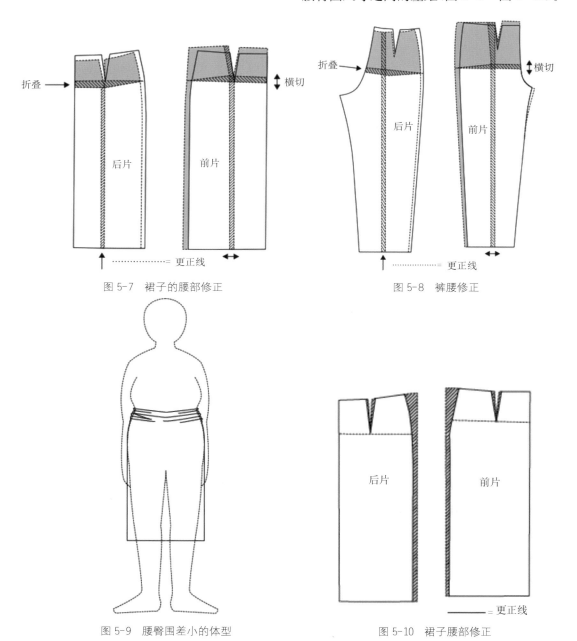

图 5-7　裙子的腰部修正

图 5-8　裤腰修正

图 5-9　腰臀围差小的体型

图 5-10　裙子腰部修正

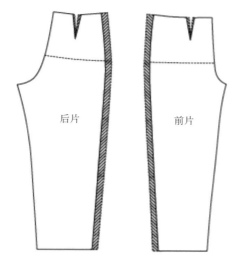

图 5-11　裤腰修正

5.1.3　整理收纳的窍门

（1）口袋和小配饰的应用

通常人们会随身携带各种小物件，如手帕、纸巾、眼镜、钱包、手机等。眼镜和助听器也是很多人的必需品。为了方便携带这些物品，可以选择有多个口袋的衣物或小包。手上拿着这些物品会妨碍行走，因此可以用小挎包、腰包或者方便开合的背包把小物件装起来，提高使用的便利性。

（2）预防遗忘的整理技巧

随着年龄的增长，经常会出现遗忘或将物品放错的情况。如果使用装有眼镜夹或时尚眼镜链的眼镜，就会有助于减少遗漏的可能性。同时，手提包内的物品整理也会变得混乱，导致不清楚携带了哪些物品。为了方便辨识，可以采用按颜色分类或使用透明盒子进行分门别类的整理方式，使物品一目了然。

（3）增强个人物品识别度的办法

在医院住院时，经常会将衣服收集起来一起清洗。通过在衣服上加上名牌、在胸前绣上名字或系上丝带等方式，来区分自己的衣物，避免混淆。

5.1.4　适用于偏瘫患者的设计创意

对于偏瘫瘫者等身体左右不平衡的体态，上衣容易被下垂的肩膀拉扯而导致着装不整齐（图 5-12）。解决这种情况，可以在下垂的肩膀处垫入垫肩（图 5-13），使左右两肩的尺寸和高度变得一致，获得具有平衡感的轮廓，防止衣服走形。

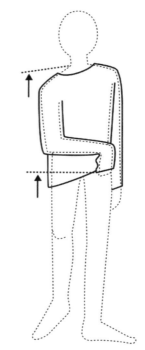

图 5-12　左右不平衡体态

图 5-13　上衣的肩部修正

将垫肩放置在肩部较低的一侧，使肩部保持在同一高度，防止衣服滑落

另外，通过巧妙的领口设计也可以有效防止衣物滑落。一些领口较大的设计，如方领或船领等，容易走形（图 5-14）。相比之下，贴合脖子的设计款式（图 5-15）较不容易变形。

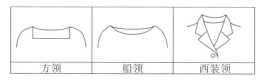

图 5-14　容易变形的衣领形

图 5-15　不易变形的领形

为了使衣物更方便穿脱，可以选择使用有弹性的面料，或选择衬衫袖或落肩袖等腋下余量较大的设计款式。

上衣的设计包括前开口和套头式等多种形式，应根据上肢的残存能力选择容易穿脱的款式。如果是后拉链式设计，那么建议根据健康手的活动范围来安装拉链，而不是放在后中心线，这样拉动拉链会更方便。

另外，对与偏瘫患者来说，有口袋的服装款式更为方便。

为了防止包从肩膀滑落，可以将包斜背，也可以佩戴腰包，或选择适合个人身体状况的方便使用的款式。另外，在包的开口处加上钥匙扣等小挂件可以更方便开合。

5.1.5　适用于轮椅使用者的设计

（1）上衣的改良设计

对于轮椅使用者等长时间保持坐姿的人来说，基于站立姿势的普通成衣往往不适合他们的体型特征（图 5-16）。通常情况下市面上售卖的上衣长度多为遮盖腰部和臀部的长度，因此当坐在轮椅上时，前后衣长都过长，导致周围会出现松垂或皱褶，穿着并不舒适。同时，前后身的幅宽也不足，如果是前开纽扣式款式，还容易出现纽扣松动的情况。

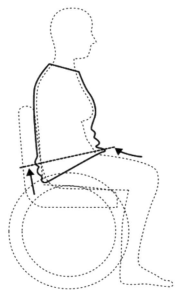

图 5-16　需长时间保持坐姿的人

长时间保持坐姿的人，通常在穿着基于站立姿势设计的成衣时更容易出现不合身的情况。

为了更好地符合坐姿形态，需要根据体型进行衣长和身宽的调整。此外，当人处于坐姿时，腰围和臀围的尺寸会变得更长，上半身呈梯形状。因此，采用 A 型上衣设计能够使坐姿看上去更加优美。

同时，很多使用轮椅的人，肩膀和手臂的肌肉会变得更为发达。袖子与肩部也需要根据体型进行调整，例如提高肩线、扩大袖笼等方法，以方便手臂活动不受限。

（2）长裤与裙子的改良设计

与站姿相比，坐姿形态的腰部和臀部的整体围度会变大。穿着普通成衣的长裤或裙子时，会出现腰部过紧、后立裆短而露出背部,前面余量过大等问题。此外,裤长也会因为坐姿变短,因此需要根据坐姿进行整体调整,将裤长延至脚踝。

在制作坐姿形态的长裤版型时,要在考虑舒适度的前提下,对前立裆的长度进行缩短,后立裆的长度进行延长,确保腰部、臀部和腿部不会受到过紧。并进行裤长的调整。

(3)避免袖子摩擦的设计

手动轮椅使用者,可能会因为手肘或胳膊接触到轮胎而导致袖子被弄脏或破损。为减少袖子的磨损,可以在容易摩擦的部位采用耐久性材料设计护臂。另外,也可以将袖长略微缩短,以减少袖口的磨损。

(4)口袋的设计

轮椅使用者由于常处于坐姿,因此上衣和裤子的侧边口袋不方便使用。在这种情况下,可以在上衣的胸部或前部添加口袋,以增加便利性。对于裤子来说,可以在膝下部位的侧边增加口袋,以增强实用性。

(5)应对褥疮的设计

使用轮椅的人由于长时间保持坐姿,因此容易在臀部出现褥疮[①]。为了预防这种情况发生,建议选择避免使用硬质面料,采用透气性良好的面料,并保持后背设计简单,避免后口袋和过多的裁剪线。

(6)雨天外出时的设计

遇到下雨天需要外出的情况时,由于在操纵轮椅的同时撑伞很困难,因此需要使用雨衣等雨具。

雨衣的选择最好考虑采用轻便、透气且防水的材料,以避免造成闷热感。同时,如果雨衣的帽子部分采用透明材料,还可

以确保不妨碍视线。此外,市面上还有其他雨具如雨披、下半身用雨衣、雨裙和鞋套等可供选择,可以善加利用,巧妙防雨。

对于健康人来说,轮椅使用者处于视线较低的位置,不容易被注意到。为了提高可视性和安全性,建议在雨衣上使用反光素材或明亮的颜色,做出相应改进确保安全。

(7)使用安全固定带的设计

对于保持坐姿姿势困难的人,可能会使用腰部固定带。在上衣的腋下位置加入固定带可穿过的开口或开缝,这样固定带就可以被藏在上衣内,不易察觉。对于无法合拢膝盖的人,可以考虑使用腿部固定带。为了使固定带不显眼,可以选择与裤子颜色相匹配的设计。(图5-17)

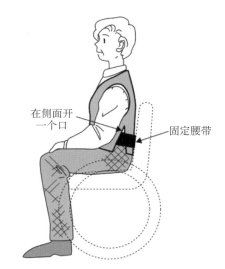

在侧面开一个口　固定腰带

图5-17　固定腰带

(8)针对握力较弱个体的改良设计

对于握力较弱的个体,使用手动轮椅时会遇到困难。为了增强手部的推动力,可以选择使用防滑材料制成的手套。

---

① 褥疮:指由于长期卧床,身体部位受体重压迫,导致血液流通不畅或阻滞,从而导致皮肤局部呈现红色、糜烂或形成创伤的现象。 一般也被称为"床疮""压疮"。

5.1.6　适用于丁字拐使用者的设计

使用丁字拐的人可能会出现衣服被勾住，导致开襟衣物前侧敞开、腋下衣摆揪起，造成着装不整的情况。针对这种情况，可以在前襟开口处进行部分缝合，并在前襟处添加按扣或拉链。对于活动量较大的人，可能会出现缝合处破裂的情况，所以需要选择坚固耐用的面料，并加强缝纫以避免这种情况。

另外，长时间使用丁字杖会导致腋下出汗，因此建议使用吸湿性好的材料制成杖套，并选择带有魔术贴等易于拆卸的设计，同时，根据本人意愿配合衣服的颜色和风格进行搭配，以增加趣味与时尚感。

5.1.7　适用于义足或下肢装具使用者的设计

使用义肢或下肢装具等辅助器具的人，如果没有考虑装置的厚度，就可能会导致裤子被装置勾住而破损。在这种情况下，需要考虑辅助器具的厚度，适当增加裤腿的宽度。

如果辅助器具出现了偏移，也需要及时调整。为了解决这个问题，可以在裤子上增加便于开合的长拉链，以方便调整患侧的器具位置。此外，可以在长裤内添加里衬提高滑动性，让穿脱更加顺畅，同时还可以加强裤子的耐磨性。

使用义肢或下肢装具的人通常左右脚大小会不同。目前市场上有一些可以提供单独购买左右不同尺寸鞋子的商家。对于脚长不同的人，也可以通过调节鞋底的高度来使左右脚的长度一致，使外观看起来更加匀称（图5-18）。

目前，市场上有一些专门为使用装具者而设计的鞋子，但大多数以布制为主，种类也比较有限，缺乏时尚感。期待能够开发出更多适合生活场景的时尚鞋款。

图 5-18　考虑到左右平衡的鞋子

5.1.8　面向视力受损人群的设计

视力受限或视力障碍者在辨认和判断衣物方面会遇到不同程度的困难。例如，无法分辨衣服的正反面或前后，或者可以辨认形状，但无法识别颜色，导致无法搭配等情况。针对这些问题，可以通过缝线或标签来确认衣服的正反面。也可以在自己熟悉或易识别的部位，用线、钮扣或搭扣等进行标记，并明确它们的含义。另外，还可以使用点字标签等方法辅助识别（图5-19）。如果无法辨认颜色，还可以通过向时尚专家咨询以获得适合自己的颜色搭配，提升个人时尚感。

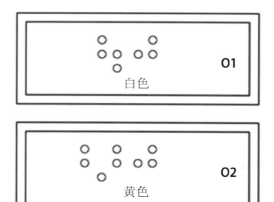

图 5-19　盲文标签

视力受损者对衣物的分类整理也同样面临困难。为了解决这个问题，可以在衣物的存放处,按每天穿的衣物顺序进行分隔整理,并标记以便区分。对衣物分类不清楚的情况下,可以给成对的衣物加上标记,以方便洗涤后进行区分(图 5-20)。另外,前后相同的设计或正反相同的衣服在穿着时无所谓前后,方便实用且没有出错的顾虑。

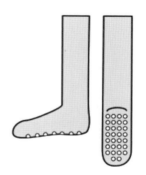

图 5-21　防滑袜

（2）方便他人辨识的设计

下肢运动功能减弱会导致步行缓慢,过马路也需要更久的时间。因此,遭遇交通事故的风险也会相应增加。

轮椅使用者由于坐姿的缘故,很难被他人察觉到,外出时常伴随着危险。同时,听力障碍者也因为无法听到从后方的来车、摩托车或自行车的鸣笛声而遭遇危险。为了预防这些事故的发生,寻求能让他人更容易注意到存在感的措施是非常重要的。

在我们的生活环境中,时常可以看到道路施工人员和外卖员穿着带有反光材料[①]的工作服,夜间跑步的人也会着用带有反光材料的运动服,孩子们的鞋或自行车上也贴有荧光条。这些材料都是为了确保安全,让他人更容易注意到自身的存在。未来,随着包容性社会的发展这些材料的运用将越来越重要,尤其体现在老年人或残障人士的服装、帽子、轮椅、拐杖等日常生活用品上(图 5-22、图 5-23)。

图 5-20　用于区分成对袜子的标记

5.1.9　安全/安心小贴士

（1）预防危险的设计

随着年龄的增长、残障和身体功能的下降,室内环境也可能成为发生意外的地方,例如走路时摔倒、被物品绊倒,或在厨房做饭时被烫伤等。

为了预防这些事故的发生,市面上推出了各种保证安全的商品。例如,防火披风、带有防滑功能的袜子(图 5-21)、拖鞋和鞋子以及防静电手套等产品都已经开发出来。在日常生活中,我们要尽量预防事故的发生,或者在事故发生时最大程度地减少损害,这对于使用者来说都是非常重要的。

图 5-22　荧光或反光材料的臂带

---

①　反光材料:能将任何方向的光线反射向光源的材料。　当汽车的前大灯照射到反光材料上时,光线会直接反射向汽车,也就是光源,驾驶员可以清楚安全地看到车灯的照射。

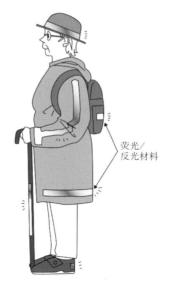

图 5-23 用荧光或反光材料制成的服装

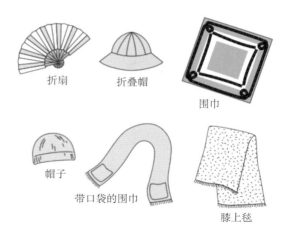

图 5-24 有利于调节体温的小物品

5.1.10 根据生理功能要求进行优化设计

（1）体温调节措施

年龄的增加或残障程度的加深，会导致生理功能减退。

比如，当体温调节功能下降时，对外界气温的适应能力会减弱。同时，感受冷暖的能力减弱，容易感冒。近年来，建筑物内的空调设备常年运行，夏季过度使用冷气会导致室内过冷，冬季过度使用暖气会导致室内过热，室内外温差变大，使得体温调节变得更加困难。因此，为了应对这种情况，考虑一些能够轻松进行体温调节的方法是很重要的。

为方便调节体温，可以充分利用易于穿脱和携带的衣物和小配件。例如，背心和开衫，披肩或围巾也是很实用的品类，适合在季节交替时使用。带帽的运动衫或背心也是雨天或风大日子里很实用的衣物。另外，便携式帽子、围巾、折扇等小物也是外出时非常方便的好物（图 5-24）。

（2）保温措施

当体温调节功能下降时，手脚、肩膀和腰部容易感到寒冷，尤其是在冬季，活动不便，更容易待在室内。为了弥补这些问题，可以考虑采用保温性较好的设计和材料。

可以选择高领或立领等能包裹颈部的设计，或是穿着及臀长度的夹克或毛衣来保暖。衣服内添加衬里也是一种增强保温性的方法。尤其是在容易感到寒冷的关节部位，可以使用保温面料或双层结构的面料。另外，通过搭配帽子、围巾、手套等小物件，不仅能增加保温性，也能添加一份时尚的乐趣。

近年来，保温性材料在日常生活中得到广泛应用，其中轻薄而保暖的手抓绒等面料已经成为主流。同时，具有发热功能的合成纤维也在不断发展，并被广泛应用到内衣、袜子、毛衣、夹克、大衣等各类服装中，有效提高保温效率，让冬天的户外活动更加舒适方便。

（3）吸湿且透气的设计

长时间保持相同的姿势躺着或坐着，会导致同一部位持续受压，从而影响血液循环，会导致背部和臀部潮湿，出汗，甚至引发褥疮。为了预防这些问题，需要利用吸湿性和通气性良好的设计和面料。

例如，可以增加衣服的宽松度或在背部和腋下增加提高透气性的设计。在夏天，有些地区湿度高且闷热，使用凉爽的亚麻、丝绸和棉等面料，不仅可以带来凉爽的感觉，而且质地也非常舒适。

随着材料和材料加工的研究与开发，许多具有良好吸湿性和透气性的合成纤维也在市场上广泛销售，日常也容易维护，适合一年四季穿着。

（4）敏感皮肤的护理要点

当身体的生理功能降低时，皮肤会变得脆弱、敏感，并容易出现过敏反应。对于直接接触皮肤的材料，需要特别注意。

近年来，为了满足舒适的需求，新的纤维加工工艺层出不穷。然而对于免疫力较弱或敏感肌肤的人来说，穿着这些衣物时可能会接触到用于加工的化学物质，导致皮肤出现过敏反应的情况也较为普遍。

购买时要仔细阅读成分标签，选择无甲醛加工的材料和对皮肤刺激较少的面料非常重要。敏感肌肤的人与婴儿一样，皮肤较为脆弱，有时仅仅因为衣服的缝边与皮肤接触就会引起过敏反应。为了预防这种情况，可以选择在与皮肤接触的缝边处使用没有凹凸的贴身衣物（图5-25）。另外，新买的贴身衣物最好在穿着之前先洗涤一次。

（5）减轻身体负荷的设计

即便对健康人而言，厚重的衣物，也可能导致肩膀感到僵硬。而轻便舒适的服装则能够减轻身体负担，带来更舒适的穿着体验。细织棉、羊毛、丝绸和羊绒等材质，不仅质地轻盈，还具备柔软的触感。另外，也有许多专为冬季所研发的丙烯酸纤维类面料，既轻薄又能保暖。在寒冷的季节里，根据不同场合的需求，选择合适的服装材料将更为合适。

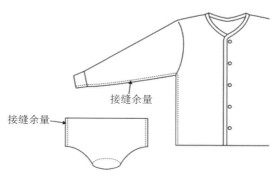

图5-25　缝边位于外侧的内衣

（6）卫生保障策略

随着年龄增长和健康问题，排泄功能可能会受到影响，吃饭的时候食物溅出的频率也会增多，这些情况可能导致衣物附着上尿液、粪便以及食物的异味。

随着社会的发展，人们对卫生方面的关注不断提升，许多具备舒适性功能的材料已经得到广泛研发和应用。抗菌、消臭、吸湿速干等特性的材料在床单、床垫、尿布、内衣、围裙、睡衣等多个领域也得到了实际的运用。合理地利用这些材料，保持身体的清洁是至关重要的。此外，由于生理功能下降可能会增加细菌感染的风险，因此选择能够进行除菌处理的材料也十分关键（表5-1）。

表 5-1　舒适性材料的应用

运用到功能性素材的服装	材料功能	着用功能
吸汗、速干性的服装	吸汗、速干性	日常、运动、旅行
透湿、防水服装	具有防雨，且不容易产生潮湿感的特性	下雨、旅行
保温性服装	保温性	日常、旅行
抗敏感服装	吸湿、保温性；弱酸性；抗菌、防臭性	日常
防异味服装	抗菌、防臭型	日常、旅行
轻便的服装	轻量	日常、旅行
可反射光线的服装	逆向反射	夜间出行、旅行
阻燃服装	防火、阻燃性	日常、吸烟、烹饪

5.1.11　便于穿脱的设计

（1）配合残存能力的辅助材料

1）扣子的使用

手指的灵活性减退以及握力减弱的个体可能在使用纽扣时遇到困难。为了解决这个问题，建议选择稍微厚一些、尺寸较大的纽扣，这样更容易进行扣上和解开的动作（图 5-26）。

2）钩扣的使用

难以扣紧纽扣的人，可以考虑使用钩扣来替代，这样更加方便。近年来，市场上涌现出许多适用于握力较弱者的易于扣紧的扣子，可以充分利用（图 5-27）。

3）魔术贴的使用

如果握力较弱，难以扣上纽扣，就可以考虑使用易于操作的魔术贴。近年来，已经推出了柔软且不易附着灰尘和纤维的魔术贴产品。建议根据个人身体状况，进行合理的应用（图 5-28）。

图 5-28　带魔术贴的睡衣、领带和鞋

4）拉链的使用

拉链可以使穿脱衣物变得快速、便捷。可根据穿着者的日常生活活动能力（ADL）和所需要的拉链长度、位置和数量进行改良和设计，以增加穿脱的便利性（图 5-29）。

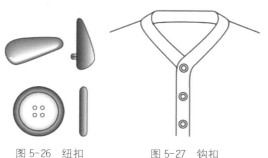

图 5-26　纽扣　　　　图 5-27　钩扣

图 5-29　肩部装拉链的睡衣

5）环状拉链头的使用

如果拉链的拉环不易抓握，导致开合困难时，可以考虑在拉链末端加上别致的环形拉头。通过将手指穿过环形，可以更轻松地打开或关闭拉链，使穿脱更加方便（图 5-30）。

图 5-30　带环状拉链头的鞋

6）松紧带的使用

若裤子上的纽扣难以扣上，则可以考虑在腰部周围使用橡皮筋的方式。橡皮筋的伸缩性能使穿脱变得更加便捷，并可以根据着用者的喜好和舒适度来决定橡皮筋的使用数量。

举例来说，若选择使用一根较宽的橡皮筋，则可以较好地贴合腰部；而若使用两根较细的橡皮筋（0.8～1 cm 宽），则可以分别调整每根的松紧程度，以减轻对腰部的压迫。

（2）弹性面料

如果手腕难以抬高且穿戴不便，就需要在材料选择和设计方面做一些改进。选择轻盈、具有弹性的面料或针织面料让穿脱更加轻松，且便于手臂穿过。在设计上，也需要考虑适度的宽松度，避免束缚身体。

同时，为了确保不妨碍活动，可选择在活动较多的部位使用具有弹性的面料。

（3）方便穿脱的宽松设计与造型

衣服的宽松度过小会限制活动，过大则容易产生皱褶，袖子可能会被卡住，裙摆或裤腿被踩而绊倒。在衣物的设计中，需要充分考虑着穿者的穿脱活动，以制定合适的宽松度。

难以抬高手腕或动作不便的人可以选择衬衫袖口等袖笼部位较大的设计，这样即使手臂弯曲着也易于穿脱（图 5-31）。而对于背部弯曲的人，可以通过加宽后身部分，给背部留出宽松的空间，方便穿脱（图 5-32）。设计改进的关键在于根据穿着者的体形和身体状况进行调整。

（4）光滑内衬的使用

没有内衬的衣物穿脱时滑动性不佳。通过添加内衬可以提高滑动性，使穿脱更加便利。对于上装来说，仅在袖子部分添加衬里也能使穿脱更为方便（图 5-33）。

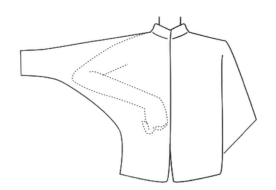

图 5-31　宽袖

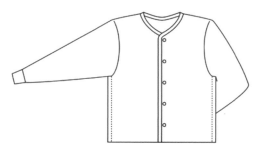

图 5-32　宽后身衬衫

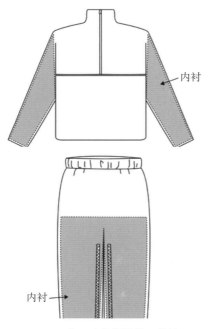

图 5-33 使用改善顺滑效果的衬里

5.1.12 根据生活场景进行设计与调整

(1) 饮食与围兜

对于我们而言,用餐是最令人愉快的日常活动。然而,当握力减弱或手指灵活性下降时,可能会在进餐时弄脏衣物。使用围兜可以避免食物残渣和污渍弄脏衣物。围兜需要频繁清洗,因此在选择时通常会考虑防水、防污、快干和耐用等特性。

然而,无论是对于穿戴者还是看护人员,在选择颜色和图案时都不应忽视创造愉快明亮用餐氛围的因素。图 5-34 提供了面向那些难以绑扎系带、抬手困难、向后伸手角度受限人士的围裙设计案例,在实际情况下还需根据个人身体状况进行合理的设计改良。

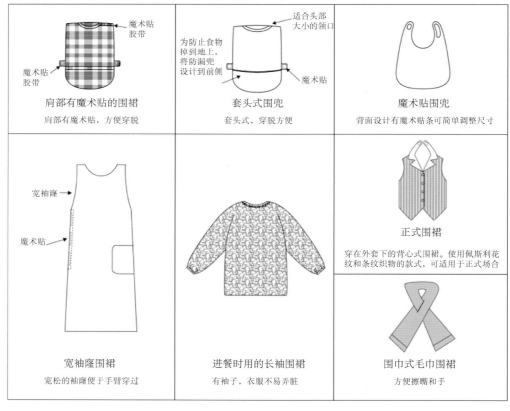

图 5-34 围裙的设计

(2) 睡袍/睡衣

人们穿着睡袍或睡衣睡觉是日常服装生活的一部分。在住院期间,它们也是进行治疗时所必需的服装。

随着年龄的增长或健康状况的影响,皮肤可能会变得敏感,容易产生皮疹。因此,在选择直接与皮肤接触的睡袍或睡衣时,具有良好的吸湿性和保温性、对皮肤温和且触感舒适的面料是重要的考虑因素。

目前市场上有各式各样的睡袍,包括使用易于穿脱的魔术贴或拉链款式,以及前开口式和左右搭襟式的睡衣等。根据自身的穿脱能力和治疗需求做出选择非常重要(图5-35)。

(3) 穿脱动作与贴身衣物

贴身衣物是直接贴近皮肤的服装,具有吸湿、保温、防污等健康卫生功能。随着年龄增长或健康状况的影响,可能会出现手部活动不灵活、难以穿戴上衣等身体机能下降的情况,从而影响贴身衣物的穿脱。为此,市场上提供了各种类型的设计款式,如前开口、肩部开口、腋下开口、连体式等,并采用魔术贴、扣子等便于穿脱的辅助性设计。选择适合穿着者穿脱能力的款式是非常重要的(图5-36)。

一件式睡袍

前开式和服型睡衣,便于躺姿状态下更衣,也适用于外科手术

分体式睡袍

下半身为包裹式分体式睡袍,穿着宽松舒适,便于更换尿布

前开式睡衣

前襟和袖口处都有魔术贴的前开式睡衣。腰部有松紧带,方便穿脱

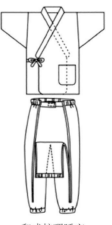

和式护理睡衣

袖隆宽松的和式睡衣,裤子两侧配以长拉链,便于更换尿布

图 5-35　便于穿脱的睡衣和睡袍

套头式

无纽扣的套头式，从头部进行穿脱

半开式

前襟半开，便于从头部进行穿脱

肩部开口式

肩部配以魔术贴，方便开和，也便于从头部进行穿脱

前开式

前襟全开式，适合抬手受限、行动不便的人着用

和服式

宽松的和式内衣，适合行动不便的人着用

肩部和腋下全开式

肩部和身体两侧可全部打开，适合照顾卧床者

图 5-36　便于穿脱的贴身衣物

（4）如厕与内衣&裤子

关于内裤的选择，需要根据个体的失禁频率和尿量等状况来进行选择。对于轻度失禁的个体，可以选择在裆部具有多重防水结构的内裤；而对于失禁情况稍重的个体，则可以选择裆部可以开合的中度失禁内裤，或者与尿垫或纸尿裤相结合的使用方法。

通过有效使用失禁内裤，可以安心外出，并提升生活质量。

如厕是日常生活中最为频繁的行为之一，需要频繁进行裤子、内裤和裙子的穿脱动作。

无论是对于穿着者还是看护人员，都需要考虑如何采取最小的操作难度来实现轻松的穿脱。随着年龄增长和健康问题的出现，膀胱肌肉的运动能力会逐渐减弱，导致排尿感觉到实际排泄之间的时间缩短，有时在前往卫生间的途中就会出现漏尿的情况。如果存在偏瘫等障碍，穿脱内外裤则需要更多时间，因此需要设计出更方便更能迅速穿脱的款式。

根据穿着者的残余能力巧妙地运用橡皮筋、魔术贴、拉链等附件，可以使裤子更易于穿脱。选择对穿着者和看护人员来说都不会带来太大负担的裤型和款式是非常重要的（图 5-37）。

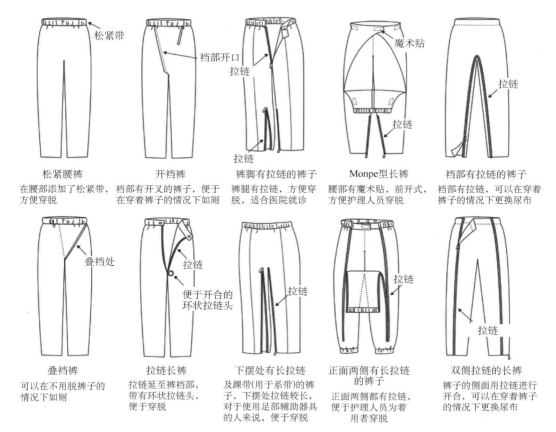

松紧腰裤
在腰部添加了松紧带，方便穿脱

开裆裤
裆部有开叉的裤子，便于在穿着裤子的情况下如厕

裤脚有拉链的裤子
裤腿有拉链，方便穿脱，适合医院就诊

Monpe型长裤
腰部有魔术贴，前开式，方便护理人员穿脱

裆部有拉链的裤子
裆部有拉链，可以在穿着裤子的情况下更换尿布

叠裆裤
可以在不用脱裤子的情况下如厕

拉链长裤
拉链延至裤裆部，带有环状拉链头，便于穿脱

下摆处有长拉链及踝带(用于系带)的裤子，下摆处拉链较长，对于使用足部辅助器具的人来说，便于穿脱

正面两侧有长拉链的裤子
正面两侧都有拉链，便于护理人员为着用者穿脱

双侧拉链的长裤
裤子的侧面用拉链进行开合，可以在穿着裤子的情况下更换尿布

图 5-37　方便如厕的裤子选择与穿着者残存能力相匹配的裤型设计

5.2　包容性设计——无障碍城市规划

　　随着社会的发展和文明程度的提高，人们追求创造一个安全、舒适和包容性的社会环境。通常情况下，人们可能会考虑到扩建托儿所、儿童中心以支持育儿一代，或者增加养老院等设施来满足老年人的需求。然而这并不仅仅指设施本身的建设，虽然不可否认这些方面也很重要，但更核心的是需要思考现有的日常空间，包括建筑、道路、火车站月台等，是否已经充分考虑到了包含老年人和残障人士在内的所有人的安全需求。

　　这种理念也同样适用于餐厅和零售店

等人流量大的场所。关于店内设施方面，需要考虑以下几点。

　　（1）每个人都能安全进入店内

　　店铺的出入口尽量不设置台阶。如果有台阶，应设置坡道。在台阶仍然存在的地方，可以在台阶的前沿添加颜色，方便识别。出入口应确保通行宽度适合轮椅使用者通行，同时应设置盲人导向块。

　　（2）确保每个人都能达成到店目的

　　原则上，为了确保每个人都能够独立地在店内移动，店内不应设置任何台阶。还需保证轮椅使用者和婴儿车能够通过宽敞的通道桌边或货架。

　　货架的设计也需要考虑到轮椅使用者的视线，确保货物排列整齐方便挑选，并尽可能放置在手部可达区域内。同时，关于公告信息应通过声音和视觉两种方式进行传达。

照片 5-1　商店出入口的盲人用导向块

（3）消除危险和不安全因素

为了保障儿童和听觉/视觉障碍者的安全，应避免突出、尖角等设计。在走廊地面上设置颜色和材质不同的引导线（用于标示移动路径），以明确行人的移动路径。并通过照明来提高空间的明亮度，确保有台阶或危险的区域足够明亮醒目。

（4）确保结账过程顺畅

在收银台前设置可以放置手提包和拐杖以方便取出钱包的柜台，同时设置不同高度的付款台，以供轮椅使用者的使用。

（5）确保每个人都能方便使用公共设施

需要考虑不同人群对于指示标志、卫生间、电梯等公共设施的使用需求，做出明确且易于使用的设计。通过选用适合的文字字体、颜色，设置合适的位置，并运用图示等手段，使标识更易于理解。

UNIVERSAL
FASHION

第6章
时尚产业的方法论

关于"可持续性""伦理性""多样性""遏制地球变暖"等社会性问题,是企业和产业无法回避的。在这些社会性问题的推动下,通用时尚逐渐成为企业、设计师和媒体关注与努力推广的焦点。

6.1 服装产业现状

6.1.1 老龄社会与互联网社会的共存

在日本,老龄社会的快速发展主要是由于1947年至1949年之间出生的"团块世代"(日本的婴儿潮一代)逐渐步入了老年阶段。这使得每四人中就有一人是老年人。同时,环境的改善和医学的进步有效地延长了平均寿命,使日本成为全球寿命最长的国家。

在第1章中,提到了社会环境的变化,这些变化的特点主要集中在少子高龄化社会和高度信息化社会(互联网社会)方面。预计21世纪将会进一步成为老龄社会和互联网社会共存的时代。

全球范围的互联网环境已成为人们生活中不可或缺的一部分,同时也用于为老年人和残障人士提供信息服务、改善生活环境以及重新审视社会保障等方面。在时尚产业和制造业领域,为促进更良好的合作互动关系,也引入了大量的新兴技术。

6.1.2 生产模式的革新

在时尚商业领域,市场需要为消费者个性化和多样化的需求做出快速响应。为满足不同需求,在数据收集、分析以及投入到实际应用的计算机系统方面也得到了相应的发展和推广。

计算机系统不仅在市场调研(了解市场需求)方面得到了应用,还在生产现场的技术革新中发挥了作用。通过综合设计系统,推动了开发更高效的时尚技术(Fashion Technology)以实现进一步的效率提升。

加装了服装CAD(Computer Aided Design/计算机辅助设计)的设计系统,使得从二维(平面)到三维(立体)的各种形状可以在短时间内得以呈现。另外,CAM(计算机辅助制造)是用于制造通过CAD设计的产品系统。CAD和CAM相互协作,有效地支持产品的制图和制造,实现了大幅缩短设计和制造所需的时间。

岛精机械有限公司通过3D设计系统(专门用于服装CG和编程CAD的多用途机器)进行2D和3D的虚拟打样,缩短了打样时间,从而降低成本、节约资源。同时,系统结合无缝针织横编机,仅用一根线进行整件立体编织,实现了无浪费的可持续性制造(照片6-1、照片6-2)。此外,他们还涉足喷墨打印机和自动裁剪机领域,致力于开发一套更为全面的设计服务系统,为时尚领域提供方便快捷的用户体验。

由于计算机系统的迅速发展,人工智能(AI)和物联网(IoT)的系统开发也备受期待。

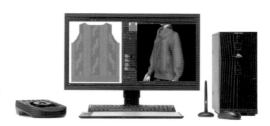

照片6-1 3D服装设计系统

照片6-2 整衣针织机

针对服装企业，目前正积极推出基于人工智能的图像生成系统和大众定制服务①等创新的商业服务。

另一方面，尽管这些计算机系统的开发旨在应用于成衣生产流程，但目前还没有涵盖满足老年人和残障人士特殊需求的服装设计系统。

展望未来，我们期待能够开发并广泛应用面向各个目标群体，特别是包含了老年人和残障人士需求的计算机设计辅助系统。

6.1.3 时尚企业的举措

日本的经济产业省（旨在提高民间经济活力，使对外经济关系顺利发展，确保经济与产业得到发展的部门）就纺织产业面临的问题，制定了面向未来时尚产业的举措与方针（2018 年 6 月，经济产业省制造业局生活产品科）。该部门积极与相关企业合作，推进相关举措，并重点关注企业在通用时尚理念下的措施和行动。

（1）形体美方面

以内衣为中心的制造销售企业华歌尔，旨在"通过提升女性的美丽，为社会作出积极贡献"为目标，推广美体设计（Body Designing）业务。这是将美体视为"身体"和"心灵"的统一，提供美丽、舒适和健康三大价值的业务。其中的核心是人体科学研究所。自 1964 年创立以来，该研究所一直"以人体测量为切入点，探寻女性之美"为主题，每年对近千名年龄从 4 岁到 69 岁的女性进行人体测量。其中，通过对同一女性进行超过 30 年的"时间系列数据"追踪，分析了日本女性的美丽指标以及女性身体的衰老变化（照片 6-3）。

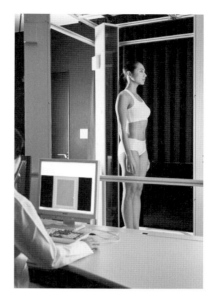

照片 6-3　3D 人体测量

此外，根据多年来积累的女性身体研究数据，研究中心推出了一系列旨在提升乳腺癌患者生活质量的产品。该系列包括舒适的贴身胸衣和基于人体工程学原理设计的高跟鞋，致力于在穿着过程中充分考虑身体的舒适性，减轻疲劳，便于行走且美观（照片 6-4）。

照片 6-4　易于穿脱的文胸（Remamma 品牌）

① 大众定制服务：与传统方式不同，不再只是大量生产和销售一定规格的产品，或者逐一生产和销售定制商品，而是通过 IoT 等数字化工具，尝试将定制和大规模生产相结合。

（2）服装辅料方面

衣物的方便穿脱对于老年人和残障人士来说是至关重要的，直接关系到能否独立完成日常穿衣。作为服饰配件制造商，YKK致力于满足衣物便于穿脱的需求，推出了一系列产品，包括易于操作的拉链（照片6-5）、方便解开的扣环和调节配件、提高夜间能见度的反光拉链，以及适应不同体型和姿势、易于操作的伸缩拉链等设计配件，旨在让衣物穿脱的过程更加便利和顺畅。

照片6-5 "click-TRAK"拉链（click-TRAK是YKK股份有限公司的注册商标）

（3）休闲服饰方面

作为专业零售自有品牌服装企业（SPA：Specialty Store Retailer of Private Label Apparel）的代表，快时尚品牌优衣库专注于以高性价比提供高品质的休闲服装。其独特之处在于，产品不以年龄划分，而是根据性别、尺寸和风格进行展开。

近年来，优衣库推出了一系列注重功能性的产品，包括保暖内衣、防紫外线开衫以及能够修饰腿部线条的"修身裤"等。这些产品既实用又简约，使人能够轻松搭配。不论是年龄还是性别，甚至包括儿童和孕妇，优衣库的产品都覆盖了广泛的受众及尺寸大小，可谓是一种通用时尚。

（4）运动服方面

针对年轻人追求运动时尚的潮流和老年人追求健康的社会需求，运动服装的功能性研究和开发取得了显著的进展。

运动服装所需要的主要功能包括纤维性能（纤维材料的强度、伸缩性和回弹性以适应身体各部位的运动量）、生理功能（吸湿排汗、保暖、散热、透气等）、安全性能（抗摩擦性和防止纤维加工对皮肤的伤害）、心理功能（适合不同运动的款式设计）、耐久性能（适应各种竞技所需的耐久性）等。

目前，在受欢迎的健步走运动中推出了肌肤触感舒适、吸湿速干的跑步服装。这些服装采用轻质、透气的材料，具有出色的贴合感，符合身体自然动作的剪裁，并配有反光材料以提升安全性。

为了满足长跑运动员对"长时间轻松奔跑"鞋款的需求，在鞋底设计方面采用前翘的结构和难以弯曲的形状，自然地将重心移到前方，减少脚踝的运动。同时，在正在研发的鞋款中还应用了一种能够让脚步在奔跑时轻松如滚动般的技术。

6.2 设计师们的努力

6.2.1 通过作品传达社会信息

时尚设计师通过敏锐地捕捉社会潮流，将自己的思想透过设计表达出来。在巴黎、米兰、伦敦、纽约、东京等地举办的时装秀成为标志性活动。这些服装秀所展示的信息能够预示下一年的时尚趋势，因此也成为各国商品策划人员极为重视的信息来源。

日本设计师高田贤三和三宅一生的系列首次亮相大约在20世纪70年代中期。

而山本耀司和川久保玲则在 1981 年登陆巴黎时装展,打破当时以女性华丽服饰为主流的时尚趋势,而以破破烂烂的黑色系列"黑色冲击"为主题,展现出截然相反的美感。1996 年,川久保玲推出了"Body Meets Dress, Dress Meets Body",这是一款在肩膀、背部和腰部加入垫片,形成了一个个隆起的"肿块裙"。这一作品对身体和美的概念抛出了全新的观点。

三宅一生开发了每个人都可以随意穿着的"Pleats Pleats"系列,该系列在不断赋予最新技术的同时,持续研究并推出与身体舒适性相关的设计。

时尚记者藤冈笃子表示:"目前,多样性、无年龄界限的概念都已经深入人心,曾经活跃的模特们以银发回归 T 台也成了司空见惯的事情。大码模特也逐渐普及,时尚思潮致力于提供让各个年龄段的女性都能穿出美感的服装。如今,时尚界正逐渐普及可持续发展的理念,其关注点也逐渐转向可持续材料、再利用、回收和二氧化碳减排等。与 2000 年时专注于深入探讨身体

照片 6-6　TOMMY HILFIGER 2019

不同,人们更关注地球的可持续发展问题。"(照片 6-6)。

6.2.2 反映时代进步与变革的时尚使命与职责

小筱弘子女士是一位享誉国际的服装设计师和艺术家。近年来,她将自己的绘画作品与时尚及其他领域进行跨界合作,展现出多样的才华。2019 年,她在神户时尚美术馆举办了名为"小筱弘子服装秀—GET YOUR STYLE!"的活动。该活动旨在向市民传达时尚的乐趣,将时尚之都神户的风采传播到世界各地。她广泛征集了 100 名女性模特,不论年龄、模特经验、是否残障,让她们穿上最新的款式,参加一场在日常生活中难以体验的时装秀。活动吸引

了约 1 200 名女性的申请,反映出对时尚的浓厚兴趣和热情(照片 6-7)。

近年来,年轻设计师也对通用时尚产生了兴趣。设计师鹤田能史创立了"TENBO"品牌,旨在为残障人士和罕见疾病患者设计服装,希望能为每个人带来活力和快乐(照片 6-8)。

正如这些顶级设计师对时尚产业的影响一样,他们对新的美的标准和多样性非常敏感,并将其融入作品的设计表达中。美存在于每个人的价值观之中,也正因此充满了多样性。时尚是一个极具创意的表达领域,虽然以设计师为代表,但它也是每个人最亲近地进行自我表达的工具。

时尚一直以来都在反映着当下的时代和社会需求。未来，我们期望时尚产业能够发挥核心作用，不仅关注以年轻人为中心的时尚文化，并能积极参与、引领涵盖各个年龄层的时尚文化。

照片 6-7　小筱弘子时装秀 "GET YOUR STYLE！"

照片 6-8　面向患有罕见疾病儿童的服装（TENBO 品牌）

6.3　通用时装的全球化

在出版界和新闻领域，关于老年人健康方面的文章非常丰富，内容涵盖了饮食和运动等各个方面。近年来，中老年的时尚杂志也大量涌现。在纽约，致力于探讨老年人时尚的杂志《Advanced Style》开始发行，并且还被改编成了电影，进一步扩大了时尚、优雅老年人在社会中的影响力和知名度（照片 6-9、照片 6-10）。

本书作者相关的时尚活动也被拍摄成了纪录片《他们的街巷》，在日本国内和国外都得到了上映。在日本，备受欢迎的广播节目《广播宅急便》以及国际新闻也开始关注老年人时尚，标志着这已经成为一个时代的趋势。

目前，信息传播工具已经进入了以利用互联网新媒体为主流的时代。即使在家中，人们也能轻松获取各种信息，这对于包括老年人和障碍人士在内的众多用户而言，成为了一个重要的信息来源。

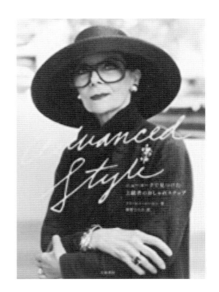

照片 6-9　摘自《Advanced Style》中的纽约高级时尚街拍。　作者/Ari Seth Cohen；译者/大和书房（Hiroka Okano）

照片 6-10　OVER 60 街拍。 无论年
龄，成为自己所憧憬的那个人。
摘自《主妇之友（MASA & MARI）》

　　当搜索"通用时尚"时，可以找到各种
相关机构和企业的信息，大家可根据自己
的需求进行使用，以实现舒适的服装生活。

与"通用时尚"相关的常用机构与企业及其网址
如下：
· 通用时尚协会　http：//www. unifa. jp/
· 年龄无界限中心　http：//www. ageless. gr. jp/
· 共用品推进机构　http：//kyoyohin. org/
· 国立研究开发法人产业技术综合研究所
　https：//unit. aist. go. jp/harc/
· 国际通用设计协议会　https：//www. iaud. net/
· 一般社团法人日本纤维制品消费科学会
　http：//www. shohikagaku. com/
· 艺术工学会　http：//sdafst. or. jp/main/index.
　php
· Art meets Care 学会　http：//artmeetscare. org/
· 兵库县立综合康复中心　http：//www. hwc. or.
　jp/rihacenter/
· 儿童化疗之家　http：//www. kemohouse. jp/
· 奈良蒲公英之家　https：//tanpoponoye. org/
· 国际通用设计协议会　https：//www. iaud. net/

UNIVERSAL
FASHION

第 7 章

实现通用时尚的探索

包容性社会的发展需要具体的举措、行动以及产品开发。而这需要"产官学民"——企业、政府、教育机构和社区间的合作。这种合作涵盖了改善公共设施以提供更安全友好的环境；开发防灾、减灾和反光材料的产品；举办面向老年人和残障者的创意工作坊和时装秀；以及与海外交流等多个领域。

7.1　通用时尚教育的探索

思考未来的社会在变革时时尚设计能够作出哪些贡献？从这个问题出发，神户艺术工科大学时尚设计学科通过时装设计培养学生"解决社会问题的能力"，并为此进行了相关课程和研讨会的开发。

该大学还同时在"高大协同课程"①和入学说明会上，以简明易懂的方式介绍了本校的课程内容。在"通用时尚"课程中，探讨了老年人和残障者的身体特性与服装之间的关系；在"减灾时尚"课程中，考虑了面临突发灾害时的工具设计；在"和风再发现"课程中，重新审视了日本的传统文化，将其作为日常生活的时尚元素；而在以"身边的安全与安心"为主题的课程中，通过体验式教学制作了使用反光材料的钥匙扣。

此外，该大学的研究生课程还开设了关于人体结构、体型特征与设计关联的"人体工学理论"课程，以及面向多元人群的国际综合项目（与日本、中国、韩国的大学之间进行信息交流），并在此过程中将使用反光材料的钥匙扣作为参与交流的纪念进行分发，希望将相关成果传播至亚洲各地。

有高中生曾在课后说出了这样的感受："我曾认为时尚是有关时髦和可爱的事物。但是在上了这门课后，我开始考虑设计能让更多人喜欢的时装。我认为，通过具有功能性和设计性的服装，不仅可以让老年人，还可以让残障人士都能享受时尚的快乐。"

在信息瞬息万变、经济快速发展的背景下，我们需要具备超越传统观念、思考并付诸实践的能力。期待"通用时尚"所倡导的多元角色和潜能，能够传承给下一代。

7.2　通用时尚研究的探索

7.2.1　通用理念的人台研究与开发

人台②是服装设计制作纸样（设计图纸）所必不可少的工具。虽然已经开发出适用于健全人和儿童尺寸的人台，但却缺乏适用于残障人士的人台。随着人口老龄化的加剧，我们认为面向残障人士的人台将成为不可或缺的存在。因此，我们展开了相关的研究与开发，设计并制作了适用于高龄女性偏瘫痪患者（参见第4章）的可调节式人台③。

可调节式人台的设计旨在作为服装制作中的裁剪用模型进行使用。在制作服装过程中，除了基本的胸围、腰围、前后领点之外的部位，还设置了可调节的部位。并尽可能使其与人体姿势和动作保持一致，以提高可操作性。

1）在制作过程中，首先以50岁的偏瘫女性为模特，进行了身体测量，并对可调节部位和范围进行了研究。

2）制作迷你版可调节式人台，将肩膀和腰部上下设为可调节部位，并对调节方式和范围进行了研究和调整。

3）将受试者设定为50多岁的偏瘫女性，并将可调节式人台的基本造型设定为40岁的裁剪用自然人台（MT-40）。

4）由于上肢的动作涉及下半身，因此

---

① 高大协同课程：高中与大学合作的课程，旨在拓展每一位同学的能力。
② 人台：用于制作服装设计时所需的人体模型。
③ 研究和开发适用于残障人士衣物制作的通用身体模型：http://kiyou.kobe-du.ac.jp/06/report/08-01.html。

在可调节部位中加入了下半身的中部：臀部，共 12 个部位，其中包括 11 个可调节部位。

5）由于人台本体采用硬质材料制成，无法在进行服装制作时固定别针。因此，在表面覆盖布料，制作成成衣人台的状态。

经过可调节式人台的研究与开发，实现了前后上半身的长度变化以及前后肩围尺寸的变化，可以适应前屈、后屈和前屈扭转等姿势。可动范围扩展至前倾 27°、后倾 4°、横倾 11°（照片 7-1）。通过设置 11 个可调节部位（颈部上方、双肩、双臂、背部中央、胸下、上腰、下腰、中臀、双腿根部），能够更加准确地表现人体的姿势形态。

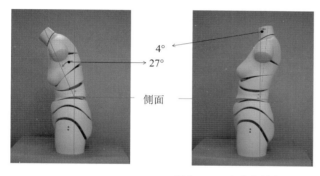
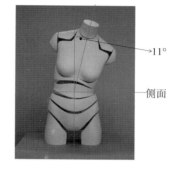

照片 7-1　残障者的身体活动范围

7.2.2　肢体行动受限者的体型特征与服装设计的实践、评估

本研究旨在针对随着人口老龄化而不断增加的肢体行动受限者（瘫痪和对侧偏瘫患者），提供舒适的服装设计指南[①]。

（1）根据体型特征进行服装制作

研究对 41 名肢体行动受限者进行了服装观念调查。调查结果表明，被试者普遍认为材料、衣物和配饰使用方面有所不便，并提出希望拥有适应不同场合的服装。此外，根据残障类型，可以观察到上／下衣的选择关键点及衣物使用上的不便存在明显差异。

随后，对 19 名偏瘫患者和 16 名下肢瘫痪者（对侧偏瘫者）共计 35 名进行了体型测量。结果显示，两组在肩部倾斜方面存在左右差异[②]。另外，对侧偏瘫者在衣长和围度尺寸上，偏瘫患者则在宽度和围度尺寸上都存在显著差异，明确了体型特征的不同。

为了明确成衣所存在的问题，将两种体型尺寸与日本的 JIS 标准进行了比较。结果显示，市场上销售的成衣虽然符合 JIS 标准，但因尺寸不合适，导致需要进行很多的"修改"，证明适合被试者体型的成品服装在市场上几乎没有销售。

此外，由于对侧偏瘫患者长期处于坐姿，无法与 JIS 标准进行比较。基于这些结果，我们根据不同类型（瘫痪和对侧偏瘫者）以男女各一名，共计四名志愿者作为模特，从时尚性、合身度和功能性为视角进行了衣服的试制。结果显示，在时尚性方面

①　肢体不自由者的体型特性与服装设计实践与评价，神户艺术工科大学研究生院博士论文，博士（艺术工学），2006 年 3 月 27 日，论博第 051003 号。

②　在统计学中，指的是不可能是偶然产生的具有"显著差异"的现象。

外出服装、服饰配件、明亮的颜色以及同时具备功能性和装饰性的面料和内衬是有效的设计要素，但在裙子的设计方面需要进一步研究和讨论。

在体型适配度方面，设计上采取左右对称的视觉效果、适合坐姿的梯形轮廓、缩小肩部宽度以防止袖子滑落、增加袖窿部分的围度、设计贴合颈部的领口以及适应坐姿的裤形等，这些都被认为是有效的设计技巧。然而，在对于动作幅度较大的袖子和裤子的设计方面，仍需要进行充分的调查和研究。

功能性方面，考虑了前开式、大尺寸纽扣、前拉链、腰部使用松紧带、弹性面料、增加口袋等设计细节，也被认为是有效的设计元素。另一方面，关于小按扣、肩部褶皱、口袋开口的宽度和耐久性、针织袖口、袖口扣、患侧腋下拉链、袖下的装饰布和调节扣使用等方面则需要进一步研究讨论（照片 7-2）。

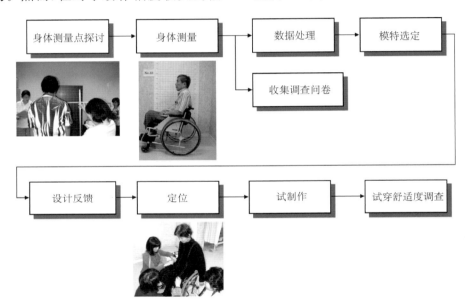

照片 7-2　为肢体残疾者设计服装的流程

（2）未来展望

通过实际患者的参与，这项研究提取了对服装设计有效的设计要素。未来的挑战包括探讨坐姿者的人体测量方法，面向肢体不自由者的面料开发以及相关设计系统的开发。

7.2.3　针对偏瘫患者的服装设计方法论研究

本研究着眼于身体残障者的高龄化问题，以最常见的偏瘫患者为研究对象，旨在提供适合他们的舒适服装设计方法论[①]。

---

① 针对偏瘫患者的服装设计方法论研究，神户艺术工科大学研究生院博士论文，博士（艺术工学），2014 年 3 月 15 日，论博第 131001 号。

（1）结构设计与选择的注意事项

对 34 名男性和 27 名女性的偏瘫患者（总计 61 人）进行的服装生活观念调查显示，不同等级的患者在衣物需求方面存在差异。特别是在 1 级和 2 级的情况下，对现有成衣服装进行改良（修正）是一种有效的方式，但需要明确共同点和差异。此外，根据患侧（患病侧）具体症状，还需要考虑辅助材料、小配件的规格以及鞋子左右尺寸的差异。这些问题可能与左右身体尺寸的不同有关。

偏瘫患者的躯干部位会倾斜，上肢和下肢的健侧（健康侧）肌肉会变得发达以平衡身体。此外，患侧和健侧的倾斜姿势也具有独特性。倾斜明显的患侧会利用健侧的肌肉力量来维持身体平衡，而倾斜轻微的患侧则会依赖上肢和下肢的肌肉力量来提升患侧的肩部和躯干部，从而保持身体平衡。基于这些结果，我们发现偏瘫患者的体型特性与服装结构设计相关的因素主要体现在衣长、袖长、裤长等长度因素；裤子的宽度（腰围）、袖宽等宽度因素；领口形状，以及风琴褶长度和数量等方面。这些因素在偏瘫患者的服装结构设计和购买成衣时需要特别注意。

（2）适合体型特征的服装廓形

在对偏瘫患者进行立位和步行相关服装形态要素提取的研究中，我们选择了一位 50 岁的女性被试者，她被归类为患侧倾斜姿势。请她试穿 16 件不同结构的服装样本，并评估和分析了在站立和行走时的优美服装形态。这些样本包括"领口"（圆领和船领）、"轮廓"（H 字形和 A 字形）、"袖子"（两种类型的插肩袖和正肩袖各 2 种组合），每个样本都结合了两种不同类型的面料纹理，即前中心对称和斜纹，共计制作了 16 件样本。

研究结果显示，"圆领/A 形/插肩袖/

前中心对称"的设计在偏瘫患者中效果显著（照片 7-3）。换句话说，通过采用前中心对称的纹理，将宽松的 A 形轮廓与圆领相结合，能够有效地固定衣物的整体形态。特别值得注意的是，在站立和行走时领口的设计至关重要。通过采用圆领来固定衣物，可以有效地防止变形问题，这一点已经得到验证。

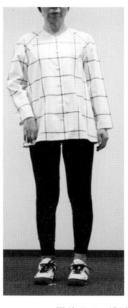

照片 7-3　设计样式变化的示例

（3）方法论与展望

本论文的研究结果为"偏瘫患者服装设计方法论"提供了有力支持。适用于偏瘫患者的服装形态应具备固定领口的特性，并在身体各部位保持适当的宽松度。在考虑结构设计和规格时，需要基于左右非对称的体型特征和患侧单手使用的实际情况，制定适应不同性别、瘫痪侧和病情等级差异的辅助材料规格。同时，需考虑与穿脱相关的服装形态，选择适合左右尺寸的设计。这些设计原则将为未来偏瘫患者服装的实际制作提供重要的指导。

展望未来，基于这些研究结果，我们认

为在应用于偏瘫患者服装设计的体型分类中,有必要利用三维系统来创建偏瘫患者的身体模型。除了依赖测量数据外,还应考虑在实际穿着衣物时的状态分类。我们期望能够开发出适用于不同体型的原型纸样应用系统,并在此基础上扩展更丰富的设计、辅助材料和衣服形态等内容。以功能性为主导,为偏瘫患者的服装生活提供广泛而多样的选择。

希望这项研究的结果能够在服装业界中被视为成衣设计的基本概念,并得到广泛应用。

7.2.4 面向癌症患者的头巾设计调查研究

在癌症治疗中,常使用外科手术、化学疗法和放射疗法等方法。然而,由于化学疗法的副作用,患者可能会出现脱发、疲劳、头痛、恶心、反胃等症状。这些副作用在治疗期间持续存在,对于长时间接受治疗的癌症患者而言,心理和身体的负担也相当沉重。即使在住院期间或出院后,副作用仍然持续,因此需要加强对心理和身体舒适感以及安宁感的关注。本研究关注患者在使用市售帽子或假发遮盖脱发的情况,将"构建提升癌症患者生活质量为目标的头巾设计理论"作为课题,从时尚设计、医疗和护理的角度出发,以提升癌症患者的生活质量[①]为目标。

(1) 对于头巾设计的认知与市场情况

在 2012 年到 2013 年期间,我们对 31 名居住在日本关西地区且被诊断为癌症的女性进行了有关帽子使用的问卷调查(照片 7-4)。其中,接受抗癌药物治疗的有 29 人,占总人数的 90.1%。在这 29 人中,有 27 人(占 90%)经历了脱发。在脱发期间,所有脱发的患者都选择佩戴帽子。在日常生活中,根据不同场合,她们会选择佩戴"专为癌症患者设计的帽子""一般市售帽子"以及"假发"。

照片 7-4 对佩戴感的评估

在对欧美和亚洲地区进行考察时,进行了关于癌症患者头巾/帽子认知的调查。

丹麦的帽子设计通常更加注重趣味性,有些人甚至选择不戴帽子,公开表明自己患有癌症(照片 7-5)。美国则更加重视设计的多样性(照片 7-6)。日本的设计相对朴素,但在穿戴感受上却优于其他国家,强调舒适性的材料和品质。这突显了不同国家之间在帽子设计观念上的差异。

(2) 头巾设计的现状

考虑到癌症患者的需求,医疗用帽子和假发的设计对提高他们的生活质量起到了积极的作用。医疗用帽子能够防止头发在室内散落,柔软的质地也有助于缓解头皮的疼痛。同时,也有助于头部保温,因此根据个人身体情况的不同选择合适的款式显得十分重要。目前,帽子的设计变化多

---

① 旨在提升癌症患者生活质量的"头巾设计理论构建"的调查研究/2015~2017 年科研申请课题。

照片 7-5　丹麦面向癌症患者的宣传册

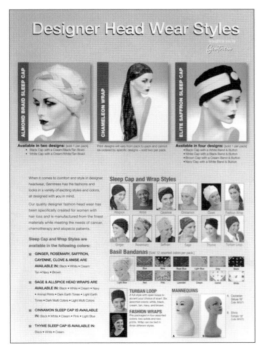

照片 7-6　美国癌症患者用头巾宣传册

样,广泛采用了考虑通风性和保温性的棉质针织面料以及低敏感的有机棉。此外,日本的假发设计和材料开发也非常出色,提供了从真人头发到仿真合成纤维多种多样的选择,发型和颜色也非常丰富。假发不仅仅是对头皮的一种保护,更能够关注到精神层面的需求。目前,还推出了将假发和帽子结合在一起的创新产品,被称为"发帽"。无论是在住院期间还是康复后,都希望患者能够根据个人状况和生活方式选择适合的帽子或假发,享受时尚的同时提升生活质量。

7.3　多方协同合作

7.3.1　与"幸福之村"的合作

神户市与公益法人神户市民福祉振兴协会共同致力于建设一个包容性的通用社会。为了更清晰且易于理解地传达通用设计(UD:Universal Design)的理念,他们选择以"幸福之村"作为通用设计理念的传播中心,并推动各种相关活动。

推动通用设计最为关键的是培养"意识"(观念):重视每个人的需求;创造包容所有人的"机制";建设安全、宁静和舒适的"社区";学习并实践人人都能使用的"物品设计"。要实现这一目标,需要产业、政府、学术界和民众紧密合作,共同协作。

(1)尊重个体观念发展

"神户 UD 大学"是一个终身学习机构,致力于学习和传播通用设计理念。完成课程的学员将成为"神户 UD 活动助力者",并在小学、中学以及社区中推动相关活动(照片 7-7)。自 2008 年开始的"UD 外卖"授课项目,与"神户 UD 活动助力者"协作,为市内小学和中学提供趣味性通用设计课程、教师和教材。截至 2019 年底,已在 300 所学校实施了这一课程。

照片 7-7　神户 UD 大学

"神户通用设计博览会"是一个为企业、团体等提供展示和交流通用设计理念的平台，让每个人都能轻松参与并从中获益的博览会（照片 7-8）。

照片 7-8　神户通用设计展

"暑假亲子 UD 设计体验课程"是面向小学高年级学生的活动，通过在神户机场、动物园、水族馆、幸福之村等场所，以亲子共同参与的方式，让孩子们亲身体验通用设计，以轻松愉快的方式度过一天的互动活动。

（2）构建每个人都能参与的体系

神户市在构建每个人都能参与的'体系'方面采取了一系列措施，包括创建市政府网站、推出免费租借轮椅服务"KOBE どこでも車いす"（通用观光）以及制作多语言（日语、英语、韩语、汉语）的市区导览标识"观光指南手册·地图"等（照片 7-9）。

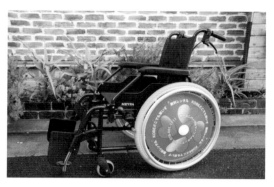
照片 7-9　KOBE 轮椅无处不在

（3）安全、可靠和舒适的"城市建设"

推动"神户·无障碍厕所城市计划"等举措，致力于创造每个人都能轻松步行的道路和无障碍通行的城市环境，确保每个人都能轻松到达神户机场航站楼等地点。

（4）面向广泛人群的"产品设计"

通过举办通用设计商品信息交流会以及在中小学进行的课程，促进了通用设计商品的体验和推广。在"幸福之村"，我们与村内福利设施等合作，为残障人士的自立和社会参与提供支持。通过与村内设施合作，制作纪念徽章，并生产销售原创品牌商品"神户幸品"（照片 7-10）。

此外，学校将残障设施使用者所绘制的图画进行了再设计和监修，并以合作艺术原创创可贴产品和手工艺品的形式进行销售（照片 7-11）。

照片 7-10　原创乡村品牌产品
"神户幸品"

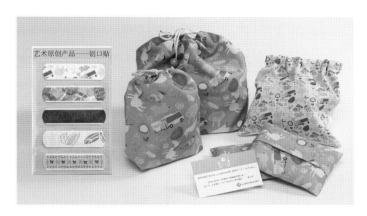

照片 7-11　艺术原创产品——创口贴和手工艺品

希望将"幸福之村①"打造成通用设计的传播基地,以"产官学民"的合作为基础,共同追求实现一个通用性强、适用性广的包容型社会。

7.3.2　与 KIITO 的合作

(1) 设计传播中心

神户设计创意中心(简称 KIITO)坐落于神户三宫海边,原址是旧丝绸检验所,是"神户设计之城"的标志性建筑。KIITO 旨在将设计融入人们的日常生活,提倡多样化的生活方式,并致力于成为连接神户与世界各地的设计中心。

KIITO 以"＋创意"为视角,从防灾、儿童创造教育、老龄化社会、食品、旅游和创造制造这六个类别出发,致力于解决社会问题,推动多样化活动。

作为整体计划的一部分,我们从"老龄化社会＋创意"的角度出发,积极推动并支持由老年人发起的"成人裁剪课"(2016 年至今)(照片 7-12)。

照片 7-12　成人裁剪室广告

---

①　"幸福之村":由公益法人神户市民福祉振兴协会管理运营,于 1989 年 4 月作为全市福祉推进的核心而设立的一个综合性设施,其目标是在绿意盎然的自然环境中建立一个供所有市民休闲放松的城市公园,并支持老年人和残障人士的自立和社会参与。该设施旨在实现一个"正常化"社会,让所有市民能够加强交流、相互理解,并平等地享受健康和文化的生活。(http://www.shiawasenomura.org/ud)

(2) 与年长者共同创造

"成人裁剪工作坊"是一个面向 50 岁以上的年长人群项目，通过对日本和服面料的再利用，进行现代服装（连衣裙）的再创作（照片 7-13）。这个项目将环保理念与日本传统文化传承相结合，不仅提升了参与者的时尚感和技术水平，还为他们提供了愉快的工作

照片 7-13　尝试改造和服

照片 7-14　"成人裁剪教室"参加时装表演的女士们

坊体验。参与者在结交兴趣相投的朋友的同时，还有机会穿着自己设计的连衣裙参加时装秀和展览会（照片 7-14、照片 7-15）

照片 7-15　展卖会

她们被称为"裁剪夫人"。这项活动变得非常受欢迎，次年也以"成人裁剪课程 2"的形式延续了下去，在这个工作坊中，她们巧妙地改良设计了陈旧的和服并进行搭配，还创作了自己的肖像画。

2018 年，"迷你神户①"举办了一场专为儿童打造的活动。在这次活动中，"裁剪夫人"们为孩子们设立了一个"洋裁工坊"（照片 7-16），向那些热衷于剪裁手工的孩子们展示了她们的技艺。孩子们使用和服面料制作小包，还添加了自己喜欢的珠子和丝带，充分释放了他们的创意，享受了设计的乐趣。同时，在"迷你神户"的精品商店里，孩子们销售了自己制作的小包，很快就售罄一空（照片 7-17）。

---

① 　"迷你神户"：由神户市设计与创意中心（KIITO）主办，旨在培养儿童创造力。自 2012 年以来，每两年举办一次，面向小学三年级到中学三年级的学生。"迷你神户"是一个由儿童自主经营的社区工作室，儿童们可以从厨师、建筑师、设计师等专业人士那里学习各种职业知识，然后根据自己的想法进行创作，为自己制作的作品定价并进行销售。这是与其他职业人员进行分工合作，以一种愉悦的方式了解城市的运行机制。

照片 7-16 洋裁工坊

照片 7-17 迷你神户"精选商店"

2019 年,第三期"成人裁剪课程"开课时吸引了男性的加入。早在 1973 年,神户市就率先发布了"神户时尚之都宣言",确立了作为时尚城市的形象。与此同时,神户市作为一个以丝绸(蚕丝)产业为主并不断发展壮大的城市,时尚的老年人成为了支撑"老龄社会＋创意"理念的重要存在,为神户这个时尚创意之城贡献着自己的力量。

7.3.3 与兵库县警方的协作

兵库县是一个交通事故发生率相对较高的地区。事故主要在傍晚发生,而死亡人数中约有一半是老年人。警方认为,如果这些受害者佩戴了反光材料,也许他们就能避免这些不幸的事故。尽管反光材料在提高交通安全方面具有显著效果,但其实用性并没有得到广泛认知,且由于其设计与服装不相协调等原因,即使被分发出去,很多人也倾向于将其搁置在家中而未被使用。

面对这一现状,神户艺术工科大学积极参与"产官学民"项目,并提出设计建议,旨在开发出每个人都愿意在日常生活中使用的反光材料产品,从而提高使用率。同时,他们也

提倡在社会和产业中推广以安全为主题的设计机制。这项工作始于 2016 年,并持续至今,成为一个持续进行的研究课题[1]。

(1)验证反光材的效果

反光材料是一种具有递归反射属性的材料。递归反射是一种无论光线从哪个方向照射,都会直接反射回光源的现象。当汽车前灯的光线照射到反光材料上时,光线会直接反射回汽车,从驾驶员的角度来看,这种反射效果非常显著,有助于降低事故发生的可能性。

举例来说,假设在干燥的道路上车以速度 60 km/h 行驶,当车头灯向下照射时,黑色服装约在 26 m 处可被驾驶员发现,而明亮色服装则在大约 38 m 处可被察觉到。然而,即使驾驶员在发现行人后立即刹车,车辆停下来之前的距离大约需要 44 m。这意味着,即使行人穿着明亮服装,仍然存在交通事故的风险。但如果行人使用了反光材料,他们就可以在距离约 57 m 以上的地方被看到。由此可见,反光材料的使用与否极大地影响着行人的安全性。简而言之,利用反光材料进行服饰设计可以成为解决社会问题的重要因素(图 7-1)。

① 来源于神户艺术工科大学学报《艺术工学(2017)》:可减少交通事故的,兼具通用性和经济可行性的荧光反射材料用品开发。

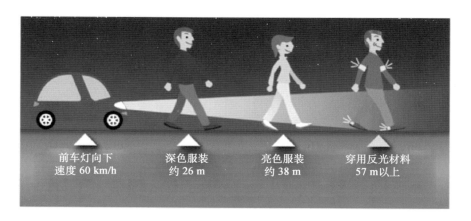

图 7-1　车速与能见度之间的关系（来源：日本反光材料普及协会 HP）

2017 年 4 月，课题组与兵库县警察交通企划科进行了信息交流会，并在神户市中央区波特岛南侧海上专用集装箱道路上进行了样品制作的前期调研。这一调研旨在验证反光材料和反光材料用品的可见性。验证结果显示，白色反光材料的可见性最高，同时明确了白色与彩色条纹、水滴、迷彩图案相结合时的可见性更高。

照片 7-19　反光球

体形状，例如能够从各个方向都显著可见的帽子、包和反光球等（照片 7-18～照片 7-20），同时研究也明确了面积较大的物品通常具有更高的可见性。设计小组在每年神户举办的"交通安全博览会"上，展示了各种样品、概念板和海报等，同时开展问卷调查，倾听市民的意见。基于这些反馈，我们不断提出新的样品提案，以进一步提高交通安全意识和实践。

此外，在每年为老年人和残障人士举办的时装秀上，推出使用反光材料的配饰设计，推广反光材料的应用，以促进反光材料在时尚领域的应用。未来，我们将继续以实验和调查结果为依据，专注于开发具

照片 7-18　带有反光材料的帽子

（2）时尚反光材料配件的开发与推广

根据实验结果显示，在行人前后及横穿道路时，具备高可见性的物品通常呈立

照片 7-20　带有反光标识的环保袋

备高支持度和卓越可见性的样品，提出适合老年人和残障人士在日常生活中佩戴的时尚配饰设计，以促进反光材料的广泛应用和推广。

7.4　社会活动的实践

7.4.1　老年人/残障人士时装秀

　　位于日本神户市中南部的兵库区，是

一个历史悠久的地区，拥有众多名胜古迹，同时也是被誉为神户"厨房"的美食之地，充满了古朴的人间烟火氛围。这个人口老龄化不断加剧的区域，以"温馨与关怀之城——兵库"作为区域的未来愿景，正在积极实施各种举措。

　　其中之一的"兵库区老年人时装秀"[①]于 2019 年迎来了第 15 届。主题为"活力源自时尚"，寓意希望老年人能够保持健康，并在社区中继续发挥作用。在这个活动中，我们邀请了年龄在 60 岁以上、居住在兵库区且在兵库区工作或与兵库区有关联的男女参与者。期间，安排了面向时装秀准备的系列时尚课程，在课程中参与者学习有关时尚的服装、发型、化妆方法、优雅的姿势和步态，以及如何展现微笑等内容。

　　课程结束后，会进行"搭配检查"。参与者可携带他们珍爱的衣物，可能是藏在衣柜中的心爱之物，或是带有特殊回忆的服饰，再搭配饰品、帽子等，登上舞台展示自己最时尚的一面。在这个时装秀中，残障人士也积极参与其中。根据我们从调查中获得的反馈，提出了易穿又时尚的服装设计建议（照片 7-21～照片 7-23）。

照片 7-21　美甲中的模特们

照片 7-22　搭配沟通

---

① 兵库区老年人时装秀。 http://www.city.kobe.lg.jp/ward/kuyakusho/hyogo

照片 7-23　舞台上的时尚亮相

图 7-2　《他们的街巷》电影海报

挺直的背脊、洋溢着笑容、自信地在舞台上展示的模特们，年龄感已然消失，可谓花样年华。参与时装秀的老年人和残障人士表示："尽管化妆打扮并站在众人面前表达自己会感到紧张，但这一切都变得有趣起来。"观众们评价道："每年都期待着来看服装秀，总能从中获得活力的灌注。"作为志愿者的学生们也表示："尽管年龄不断增长，但时尚仍然扮演着重要的角色。充满活力的老年社会是真实存在的。未来的路看起来更加明亮、更加轻松了。"

老年人和残障人士与年轻学生们交汇在这个时装秀中，共同创造出一种互相理解和激励的关系。对于老年人和残障人士来说，这样的活动，激发了提高生活质量和参与社会的意愿；而对于学生们来说，这也成为他们思考未来的一个契机。

这一举措引起了广泛关注，于 2016 年被制作成纪录片《他们的街巷》[①]（图 7-2），在日本以及德国、加拿大、韩国、中国等地引起关注并进行放映。

7.4.2　促进减灾时尚的发展

1995 年的阪神淡路大地震给神户带来了巨大的破坏。从这次灾难的经验中深刻反思："如果灾害再次发生，时装设计能发挥怎样的作用？"

基于这一问题，学校在 10 年前就开设了以"减灾时尚"为主题的相关课程。

减灾是指在无法避免的自然灾害面前，通过对可能发生的损害进行预测，从日常生活出发考虑并采取措施，以最大限度地减少灾害损失，并在灾害发生时付诸实施的过程。

日本多次遭受了由大地震、台风、暴雨等引发的严重灾害。

学生们对这种情况也给予了严肃的关注，防灾和减灾意识得到了提升。在课堂上，学生们会推测在何时、何地、何种情况下可能会出现的问题或遇到的困难，并设计和提出能够在这些情况下安全保护自己的物品和方法（机制）。

学生们的作品每年都参加减灾设计与

---

①　《他们的街巷》：2016 年由风乐创作事务所田中幸夫导演制作。https://eiga.com/person/83656/video/。

规划竞赛，并屡次斩获多个奖项。此外，通过与音乐进行防灾和减灾宣传的"Bloom Works"①（布鲁姆工作室）的合作，在"BGM SEED vol. 1"②活动中成功举办了防灾时装秀和展览（照片 7-24、7-25）。以下是其中一些代表性的作品。

(1) Liberty Wear 多用衣—即使在紧急情况下，也可以享受时尚！

功能多样，便于在紧急避难所内进行搭配。Liberty Wear 采用漂亮的花朵图案，可双面穿着。上衣和下装提供六种不同的穿着方式。口袋中内置了室内鞋用来保护足部。

照片 7-25　用于紧急情况下的最佳安睡服

不同场景方便地进行变形，口袋还可用作拖鞋。腰带设计巧妙，可变成受伤时用于包扎的三角巾。

(3) 换装睡熊—随时随地快乐换装！

首先，这是一只集更衣、毛绒玩具为一体的"换装熊"。在毛绒玩具的后背内隐藏着更换的服装和防灾应急物资。其次，毛绒熊本身可以变长，女孩子可以直接穿着。

(4) "发现！"—更易被发现，更易获救的服装

当药物用尽时可能会影响到生命安全，如果有人被留在黑暗中，他就会感到非常不安。"发现！"是一种应急服装，旨在解决灾害和医疗方面的双重不安。在黑暗中，可以取下反光标识"胰岛素"，当然还可以根据个人

照片 7-24　学生们参与减灾时装秀

(2) 爱心裙

"爱心裙"专为保护带幼儿母亲的隐私而设计。这款裙子可根据换尿布和喂奶的

---

① 由获得防灾大学院硕士学位的节奏口技负责人 KAZZ，与身兼防灾士、主唱和吉他手的创作歌手石田裕之先生，联手组成的神户音乐组合。作为发起人，他们于 2019 年 4 月 6 日首次举办了"BGM2 vol. 1"，致力于通过音乐进行防灾和减灾宣传。更多详情请参阅 http://bloom-works.com/。
② 这是防灾音乐节"BGM SEED vol. 1"的预演活动。"BGM"为 Bousai Gensai Music（防灾、减灾、音乐）的首字母缩写，同时也可解释为 Back Ground Music（背景音乐）的首字母缩写。就像商店里常常能听到的背景音乐一样，这个名称的设计意在让人们时刻保持防灾和减灾意识，像音乐一样自然地流动在心中。而"SEED"代表着"播种"的意义。

需要重新排列成所需的药物名称。此外，在胸前口袋里可以放置药物和个人信息（照片7-26）。

照片7-26　"更易被发现，更易获救"的服装

7.4.3　与企业的联动

为了支援2011年的东日本大地震的受灾地并促进自立支援，神户消费者合作社（Co·op Kobe）[①]作为资助方，与本校合作策划了招募会员时的赠品设计，由石卷市的NPO法人"支援之尾"所支持的机构负责制作，实现了产学民合作项目[②]。

兵库合作社（Co·op Kobe）的要求是使用该合作社受欢迎的角色"科苏克熊"（图7-3）作为主题进行设计。在会议进行

的过程中，还决定将本校正在推进的反光材料应用设计也纳入到方案中。

图7-3　Co·op Kobe 的人气角色 "科苏克熊"（Kosuke）

最终有两个方案被采纳。第一个方案是采用圆形编织技术制作的钥匙扣（设计者/渡边操），强调手工制作的特质，传达人类温暖的感受（照片7-27）。在耳朵、眼睛、嘴巴和背部部分使用了反光材料，增加了安全和安心的功能。第二个方案以育儿阶段的受众为目标，采用了代表日本东北地区产业的纺织品所制作的，既可用来做手帕又能变形成 PET 瓶套的产品设计（设计者/菊池园）。设计强调了东北地区的魅力，同时融入了印花图案设计（照片7-28）。

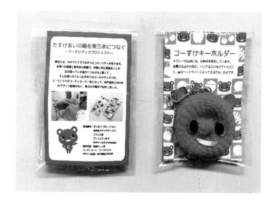

照片7-27　"科苏克熊"吉祥物编织钥匙圈

---

① 神户消费者合作社（Co·op Kobe）：1921年，在社会运动家贺川丰彦的领导下，神户购买合作社和滩购买合作社合并成为 Co·op Kobe 的前身。 1991年在创立70周年之际，更名为 "生活协同组织 Co·op Kobe"（以下简称 Co·op Kobe）。 至今，Co·op Kobe 仍秉持 "爱与协同" 的精神，致力于支持和丰富合作社成员的生活，并推进相关业务和活动。

② 来源于神户艺术工科大学纪要《艺术工学 2018》：支援东日本大地震的产学合作—以 Co·op Kobe 吉祥物 "科苏克熊" 为 IP 形象的商品策划。

照片 7-28 "科苏克熊"塑料瓶套成品

为了传达项目的目的和对制作过程的热情,完成的产品附带了信息卡。为了进行技术指导,我们参观了相关制作坊,并举行了信息交流会(照片 7-29)。每个制作坊都展示了利用不同材料和技术的服饰手工艺品,制作技术也非常高超。然而,具有东北地域特色的商品相对较少。设计小组提出了利用东北特色的商品创意,设计具有地方特色的商品、礼品并为产品增加附加值(如使用反光材料)的建议。

照片 7-29 为制作坊提供技术指导及讲解会

对 2018 年新增的 1 686 名 CO·OP 会员,分发了 608 个钥匙扣和 740 个瓶套,总共发放了 1 348 个产品(照片 7-30)。制作坊的代表们表示:"因为是收购制度,所以真地非常放心和感激。""看到自己制作的物品被取走,感觉真地很高兴。"CO·OP 新

会员表示:"这是一个非常好的活动。手工制作的物品给人一种温暖的感觉。"CO·OP的神户负责人表示:"通过送出东日本大地震受灾者制作的手工艺品,我们有机会谈论关于阪神淡路大地震的事情。""通过这样的活动扩展了互助互融的地域范围。"等反馈也纷至沓来。

产学民项目通过发挥各自的专长,相互合作,促进了地区和各年龄层之间的交流,为创造充满活力的社会作出了贡献。未来,我们将会继续验证和推动产学民项目的意义和效果。

照片 7-30 面向新会员的宣传海报

7.4.4 市民讲座

随着老龄化社会的发展,老年人和残障人士参与社会活动的意识也在增强。为了促进市民健康、建立社交圈、社区互动以及参与社会贡献活动等目的,开设了众多

终身学习①研讨会、大学公开讲座、旅行企划等活动。

在活动的影响下，近年来"老年时尚学"受到了关注。随着年龄增长，体形会发生变化，生理功能和运动功能也会自然地减退。然而，尽管身体功能下降，对时尚的兴趣依然很高。

研讨会以"时尚是心灵和身体的维生素"为主题，介绍了时尚的效果，应对衰老和残障的服装案例。同时，还介绍了如何搭配服装配饰，发挥颜色的效果，以及化妆和服装相互增效等时尚技巧。

与第一次上课截然不同，令人惊讶的是每个人都会根据自己喜欢的形象考虑服装颜色的搭配，化着妆并穿戴时尚地参加第二次讲座。由此可见，学员们在少量指导下就产生了意识上的变化，并将所学到的时尚技巧付诸于实践。近年来，"男性时尚学"的需求也逐年增长，男性对时尚的意识也在不断提高。每次进行"通用时尚"讲座时，听众的时尚程度都在提升。

7.4.5 积极利用新媒体

近年来，人们获得的信息主要来源已经从报纸、杂志、广播、电视等传统媒体转变为计算机和智能手机等新媒体。

相较于传统媒体广泛覆盖广大群众的目标，新媒体具有个人化的特点，其受众面向那些希望成为信息接收者的特定个体。

只需输入关键词，就会提供解决方案；输入你想去的地方，便会提供换乘指南和所需时间。

希望大家充分发挥新媒体的作用，积极收集信息，获取多样化知识，灵活适应变化的时代，迈向健康愉快的百岁人生时代。

7.5 与海外的合作

在当前全球老龄化的背景下，老龄化问题不仅存在于发达国家地区，也存在于亚洲的其他国家。在 2010 年中国 65 岁及以上人口达到 1.314 3 亿人，成为全球唯一一个老龄人口超过 1 亿的国家。韩国于 2017 年，新加坡于 2019 年，泰国于 2022 年，都进入了老龄社会（见第 1 章中图 1-1）。然而，面对亚洲地区老龄化社会的挑战，相关调查、研究和设计开发工作仍处于初级阶段。

针对亚洲地区面临的老龄社会问题，本校旨在探索适应高龄社会的时尚设计方法，并希望将"通用时尚-无论国籍、年龄、残障与否，每个人都能享受舒适服装生活的设计理论"，在亚洲地区的教育中进行推广和确立为目标。作为其中一个环节，我们正在推进与中国和韩国的时尚设计学术交流。

7.5.1 关于中国和日本中高龄女性的身体特征与服装设计方法论研究

本研究的目标是针对未来在中国时尚市场中占主导地位的 50～60 岁的中老年女性，探索适合其体型且舒适的服装设计方法论。②

研究方法包括对日本和中国的 50～69 岁中老年女性进行调研，以揭示其体型特征及差异。在中国的天津和陕西以及日本，各抽取 100 名中老年女性，比较了 16 项

---

① 终身学习：是指在整个人生过程中，根据个人自愿和需求，自由选择适合自己的方式和方法进行学习。

② 基于中国和日本城市地区中老年女性体型特征的成衣设计因素研究，2013 年 9 月 20 日，神户艺术工科大学研究生院博士学位论文，博士（艺术工学），学位编号：课博第 1131002 号。

能够满足服装设计所需的人体测量数据，进行了主成分分析[1]。

　　为了观察不同年龄段之间的差异，我们将样本以 50～59 岁、60～69 岁以及 50～69 岁三组，进行了平均值差异检验（t 检验）。此外，为了比较体型比例，分析了以身高为基准的衣长比例以及围度尺寸（胸围、腰围、臀围）和宽度（肩宽、背宽、胸宽）的差异比例。结果表明，两国中老年女性的体型特征与躯干部位、臀围、长度相关。

　　相对于日本的中老年女性，中国女性的体型表现出的特点：肩宽且胸围度大，上半身较大且背部厚实，腰部相对胸部和臀部的差异较小，臀围相对胸围度较小并呈倒三角形状，手臂较长，肩关节部围度较大，上臂围较小（图 7-4）。相对于中国女

性，日本女性的体型表现出的特点：肩宽较窄，背长较长且呈现驼背姿势；以腰围为基准的胸围和臀围差较大；与臀围对比胸围较小并呈梨形；手臂较短，肩关节部围度较小但上臂围较大。

　　对两国女性的研究结果均显示，随着年龄增长，三围差异会减小，中国女性容易出现肥胖趋势，而日本女性则会出现驼背姿势。

　　在服装设计中对于中国女性而言，需要注意前后身长度和袖长、宽度以及围度尺寸。考虑到随着年龄增长，会存在肥胖的趋势，因此还需要关注长度、周长和宽度之间的尺寸差异及比例。

7.5.2　与中国的合作

　　从 2016 年开始，日本神户艺术工科大学的时尚设计学科与中国上海视觉艺术学院的时尚设计学科[2]之间开始了学术交流。上海视觉艺术学院的特点包括设有时尚模特课程，日本岛精机制作所[3]在中国的培训中心，且将产学合作课程纳入到教学计划中。

　　上海中高龄时尚服饰研究中心成立于 2015 年，致力于研究老年人服装设计，并举办面向老龄社会的国际研讨会和时装秀。2017 年，神户艺术工科大学参与了第 12 届艺术与设计教育国际峰会、第 3 届上海中高龄时尚服饰国际会议以及针对老龄社会的时装秀。活动主题为"通用时尚"。通过改造和重新设计和服图案，提炼出了考虑到老年人和残障人士体型特点和偏好的服装设计理念。

　　神户艺术工科大学积极参与活动并带来了适应日本气候、兼顾日本文化、融合时

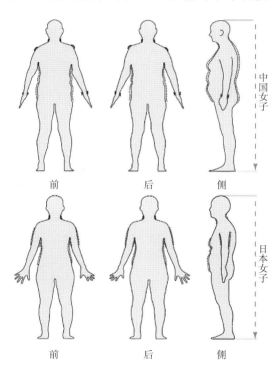

图 7-4　中国和日本中老年女性的体型比较

---

① 主成分分析：一种统计学上的数据分析方法，旨在把多指标转化为少数几个综合指标。
② 中国上海视觉艺术学院：https://www.siva.edu.cn/site/site1/newsText.aspx?si=14&id=5951
③ 日本岛精机制作所：https://www.shimaseiki.co.jp/company/profile/

尚与功能性的"通用时装"。

2018年11月，在中国北京服装学院①举办了"中日和平友好条约缔结40周年纪念活动—通用时尚秀与研讨会"②。

在日本代表的主题演讲中，以"亚洲地区老龄化社会中时尚的角色"（见寺贞子）、"从纪录片中了解日本老龄社会的现状"（田中幸夫）以及"考虑舒适性的服装设计"（笹崎绫野）为主题，介绍了日本作为早期步入老龄社会的国家在面向老年人和残障人士的研究经验与教育机构联动方面的努力。随后，在与中国代表的研讨会上，进行了意见交流，并承诺要促进信息交流（照片7-34～照片7-40）。

照片 7-33　中日交流会（上海）

照片 7-34　在北京的演讲

照片 7-31　上海活动讲座

照片 7-35　北京时装秀作品 1

照片 7-32　上海活动中的时装秀

照片 7-36　北京时装秀作品 2

①　中国北京服装学院：http://www.bift.edu.cn/
②　中国人民对外友好协会、日中友好继承发展会、中国对外友好合作服务中心、NPO（Nonprofit Organization）法人主办

照片 7-37　北京时装秀作品 3

照片 7-38　北京时装秀作品 4

照片 7-39　北京时装秀作品 5

照片 7-40　北京国际研讨会

在北京的时装秀中,神户艺术工科大学以"日本美老年时装秀——'温故创新'日本传统美与功能美"为主题,展示了 70 件作品。这些作品表达了创造新范式的崇高志向。其运用日本传统和服面料,展示了兼具功能美的作品。(服装秀作品照片 7-35～照片 7-39)

通过这一系列的研究活动,不仅仅是时尚设计教育工作者,还包括福祉和医疗领域的专业人士、时尚产业从业者、政府机构以及媒体人士,都对"通用时尚"产生了浓厚的兴趣。这也验证了本研究的必要性。同时,在中国人们对传承本国传统文化的意愿也在不断增加,这进一步体现了与西方时尚有所不同的亚洲所独有的时尚教育需求。

7.5.3　与韩国的合作

韩国东南部的大邱广域市位于内陆地区,是韩国第三大城市,仅次于首尔和釜山。该市与神户市结为了姐妹城市,专注于医疗产业领域的发展。

2018 年 9 月,由慈云福祉基金会主办的"面向老龄社会的信息交流会"在韩国大邱国际保罗酒店举行。日本专家分享了在应对老龄问题方面的各种案例。活动为从韩国和日本的现状与挑战中探寻能够在未来老龄社会中加以应用的启示,并探讨了与其他领域建立合作的机会。

在京都工艺纤维大学崔童殷老师的协调下,来自韩国参与的有慈云福祉基金会、大邱市医师会、大学相关代表以及韩国全国大学生时尚联合会大邱分会等。日本方面,邀请了神户艺术工科大学和京都工艺纤维大学。

在会议的第一部分中,韩国的白承悕先生(紫云福祉基金会理事长,Saranmoa

Pain Clinic 代表院长）以"韩国老龄社会的现实与愿望"为主题发表了演讲。随后，来自日本的佃孝司先生（公益法人神户市民福祉振兴协会企划宣传部）以"幸福之村UD的实践"为主题进行了演讲，就日本和韩国老龄社会的现状和努力进行了分享。

在会议第二部分中，围绕"探讨创造活力老龄社会的提示"为主题，对支持老年人的各种实践研究进行了交流。京都工艺纤维大学的桑原教彰教授以"人类友好式可穿戴设备及医疗纺织品和人工智能研究"为题进行了报告；电影导演田中幸夫先生通过纪录片电影《徘徊》和《他们的街道》探讨了日本老年人面临的现实与挑战；见寺贞子进行了有关"通用时尚—时尚是心灵与身体的维生素"的报告；笹崎绫野以"如何让老年人与残障人士过上时尚舒适的生活"为题进行了分享（照片7-41）。

与会者表示这次交流是非常有意义的，强烈表达了希望今后能够持续交流的愿望。

2018年10月18日至21日，由韩国时尚商业学会和韩国时尚文化协会主办的"2018 FCA国际时尚艺术双年展"在首尔举行。

专业的教师、研究生和时尚设计师组成的团体。这次活动吸引了来自25个国家的设计师，并展示了各自的作品。笔者的以通用时尚为视角的作品《日本传统美与功能美》，受到了认可，并荣获了"2018年度艺术家"奖。（照片7-42）。

照片7-42　2018年艺术家获奖作品

韩国与中国类似，人们对"通用时尚"表现出了很高的兴趣，这也验证了本研究的必要性。同时，人们对传承本国传统文化的愿望也在增加，这进一步证实了与西方时尚不同的亚洲时尚教育的需求（照片7-43、照片7-44）。

照片7-41　面向老龄化社会的交流会

韩国时尚商业学会是一个由时尚设计

照片7-43　2019年韩国传统国际服装协会

照片 7-44　韩服文化周

未来,我们将进一步推动与两国之间的研究和教育交流,以培养人才为目标,积极开展基于亚洲地区特点的时尚设计教育。

UNIVERSAL FASHION

第8章

迈向每个人都能享受时尚的社会

　　神户，作为一个充满异国情调的"设计之城"和"时尚之都"，成为培育新价值观、代表通用设计的典范地区。在这里，我们可以从世界通用设计的先进国家北欧，以及引领日本的神户所尝试的各种实践中，汲取多样性认同和共建通用型社会的启示，期望为下一代社会的发展奠定坚实基础。

8.1 从北欧生活方式中汲取通用型社会的经验

近年来,北欧设计受到了广泛关注。在时尚设计领域,marimekko[①] 等代表的纺织品设计和服饰配饰在年轻人中越来越受欢迎。

时尚设计领域一直由巴黎、米兰、伦敦、纽约和东京扮演着引领潮流的重要角色。然而,北欧设计在这一潮流追随的导向中独树一帜,展现出温馨而柔和的风格特点。那么为什么近年来北欧设计备受关注?它与"地区和生活方式"之间存在着怎样的关系?通过对被称为高福利国家的北欧进行考察,我们可以从生活中的设计角度进行思考。

通过对北欧这些被誉为高福利国家的深入考察,我们有机会从设计融入日常生活的角度出发,探讨这一现象。

8.1.1 通用型北欧

北欧是指位于欧洲北部的国家,也称为北欧国家。在日语中,常常与"北欧洲"(北ヨーロッパ)互为同义词。一般情况下,北欧通常指挪威、瑞典、丹麦、芬兰和冰岛这五个国家。

北欧国家是高福利国家,其系统化的制度确保所有国民能够过上健康和富有文化的生活,因此常被认为是社会福利领域的先进国家。在北欧,为了确保老年人和残障人士能够在一生中享受幸福和充实的生活,实施了三项基本政策。

1) 自主决策—推动并创造一个能够持续尊重个体思维方式的环境和政策。

2) 持续性—推动并采取措施,使人们能够继续居住在熟悉的家中。

3) 开发个人资源—推进并采取措施,将职业生涯中获得的技术和知识充分应用到社会中。

通过市场调研,我们探讨了这些政策在北欧日常生活中的体现方式。

8.1.2 适宜于北欧生活方式的设计

与日本人相比,北欧老年人的身体特征包括身高较高、体型较丰满、四肢较长、金发、蓝色眼睛,整体以白皙肤色为主。这种白皙的肤色和蓝色的眼睛更适合搭配淡色和浅色的衣物。

只要是符合自己喜好的设计和颜色,不论他人如何评价,北欧人都会选择穿上自己钟意的服装。记得曾经遇到过一位腰围超过 100 cm 的北欧中年女性,她穿着短款背心,露出肚脐,自信地行走在大街上。这或许是她独立地自主决策的一种表现。

北欧的气候寒冷,其中 4 月至 5 月属于春季,9 月至 10 月为秋季,气温相当于日本的初冬;6 月至 8 月为夏季,气温相当于日本的初夏;而 11 月至 3 月则是寒冷的冬季,经常出现持续低于零度的天气。在极夜间,太阳整天都不升起。由于日照时间短,夜晚漫长,人们的情绪也容易变得沉闷,因此很多人喜欢穿着明亮的颜色和图案,以增添生活的活力。

儿童服装通常包括防寒外套、帽子、围巾和背心等具备保暖功能的服饰。设计上一般采用充满活力的明亮颜色和图案,如可爱的驯鹿、姆明(Moomin)以及安徒生童话中的动物。成年人的时尚也秉承了这一特色,市场上有各种有趣的帽子、围巾和披风等商品供消费者选择(照片 8-1、照片 8-2)。

---

① 玛莉美歌(marimekko):芬兰的服装服饰企业,也是品牌名称。

照片 8-1　俏皮的帽子

照片 8-2　实用可爱的儿童帽子和围巾

在北欧的生活中，经常可以见到那些既具有防寒功能又充满乐趣和可爱的温暖毛毯，以及能够保持汤品不易冷却的伊塔拉（iittala）①陶瓷餐具。房间内通常采用可爱而时尚的纺织品图案作为室内装饰元素。这可能源于与自然和谐共存的理念，

能够让人感受到温暖和温馨，引发共鸣。

在街头，有许多热爱手工艺的人们经营着手工艺店，销售着各种各样温馨而有趣的生活用品（照片 8-3）。北欧的各个角落都能让我们感受到制作物品的乐趣已经融入了日常生活。

照片 8-3　温馨有趣的手工店

① 伊塔拉（iittala）：芬兰的设计企业，专门从事室内设计，以现代北欧设计为特色。

8.1.3　适宜于北欧社会福利设施的设计

丹麦的老年福利设施为入住的老年人提供了一个充满自由感的居住环境。令人惊喜的是，这些设施内放置了老人们在家中使用过的家具。而且，我们还能看到老年人如同年轻时一样，尽情享受时尚生活的场景（照片 8-4、照片 8-5）。

照片 8-4　时尚的老年人

照片 8-5　在与家中相同的环境中生活

福利设施中，设置了公园、教堂、图书馆等，为居住者提供了必要的生活环境。此外，在一年当中还会举办各种活动。例如烧烤、观赏花朵、万圣节活动等以及供孩子们可以玩耍的庭院，为前来探望入住者的家人和朋友提供度过愉快时光的条件（照片 8-6）。

此外，在创意工作坊中，积极推动能力导向的生活支援活动。喜欢时尚的人会用毡毯和布料制作围巾和小饰品并进行销售（笔者将此称为"时尚疗法"）；喜欢农业的人会从事菜园种植；而烹饪爱好者则负责制作食谱、果酱和蛋糕。有人专门负责饲养鸡，也有人专门修理建筑和花园。老年人们各自扮演着不同的角色，每天都过得充实、忙碌而愉快（照片 8-7）。

照片 8-6　福利设施内的公园

照片 8-7　时尚疗法

医院内不仅提供住院患者所需的生活用品，还设有商店供前来探望的人们消费，其销售的产品包括孩子们喜欢的毛绒玩具、绘本、围巾、服装、饰品等（照片 8-8）。

照片 8-8 医院内的商店

在残障儿童福利院中，提供了能够刺激五感的空间和玩具（发声、可视、可动、拉动、开合、使用色彩、睡觉、起床等），并实施多种教育课程（涂色、取足掌印、看自己的照片、运动身体、活动手指等）。天花板的照明也被设计成了可根据时间变化而自动调节的样式（照片 8-9）。

8.1.4 街头的北欧设计

在丹麦首都哥本哈根有一个名为"趣伏里"①的游乐园。这里涵盖了动物园、水族馆、公园以及各国风味的餐厅和小吃摊，还经常举办音乐会等活动。在日本，动物园和水族馆通常是儿童的游玩场所，但在"趣伏里"公园，不论年龄和国籍，成年人也积极参与其中，欢快玩耍。情侣或朋友可以一起散步，参与小摊上的游戏，或在餐厅享受美食。作为一个让每个人都能安心放松娱乐的场所，"趣伏里"已经在当地人生

照片 8-9 智力障碍儿童机构

活中扎根（照片 8-10）。在日本，人们也期望能够建立一个不分年龄、性别、残障与否，每个人都能尽享快乐的游乐园。

照片 8-10 在"趣伏里"公园休闲娱乐的老年人们

北欧是一个气候严酷的地区，正因如此，生活中存在许多能够使日常生活变得明亮、丰富多彩的事物。基于"自主决策"、"持续性"和"自我资源开发"原则的北欧生活理念，为人们未来的生活和设计方向提供了有益的启示。

① 趣伏里公园（Tivoli）：位于丹麦哥本哈根的游乐园，建于 1843 年。每年大约接待 350 万人次的游客，占地面积约为 8.3 万平方米，是全球历史上排名第三悠久的主题公园（仅次于 1583 年开园的 Dufton House Bakken 和 1766 年开园的 Prater 公园）。https://elutas.com/tivoli-3694.html

8.2 孕育了"通用性"环境的城市——神户

8.2.1 "神户时尚都市宣言"

神户市是一个被海洋和山脉环绕的异国情调浓厚的时尚城市。

自 1868 年神户作为日本对外开放的窗口开港以来,这座城市以其富有进取精神和独特文化特色不断发展壮大。在这个漫长的历史过程中,大量西方人因为贸易活动而选择在此定居,西方的生活方式也逐渐融入神户的生活,形成了异国情调浓厚的文化和独特的城市风貌。作为一座开放的港口城市,神户不仅吸引西方人,也成为了亚洲各国人民往来的交汇点,塑造了一个多元共存的城市面貌。

除了传统的播种织物和酿酒制造等地方产业外,神户市很早就涌现了涉及西式生活方式的多样化产业,包括服装、鞋类、箱包,珍珠加工,西式糕点、咖啡、西式家具,圣诞用品、体育用品等。这些企业的创立丰富了产业的多样性,也为居民提供了丰富多彩的文化生活。

1973 年,神户市率先发布了"神户时尚都市宣言",旨在打造成一个国际化的时尚之都。该宣言将时尚产业的定义拓展至衣、食、住、行等各个领域,旨在提供全新的生活方式。

此后,神户市聚焦于发展时尚产业,并在波特岛(Port Island)和六甲岛(Rokko Island)创建了时尚城区,逐步形成了独特的神户生活方式。

8.2.2 实现复兴要依靠"产官学民"的紧密合作

1995 年,神户市遭受了阪神淡路大地震的重创。造成了巨大的破坏。在这场灾难中,老年人、残障人士、儿童和外国人面临了最严重的困境。与此同时,经济低迷使得时尚产业陷入停滞。在这样的背景下,人们开始思考 21 世纪时尚设计的本质是什么,时尚能够扮演什么样的角色? 无独有偶,日本也面临着高龄化社会的挑战,这使得对时尚和设计的需求也发生了变化。

神户市以"共创通用之城神户"为复兴口号,在"产官学民"[①]的紧密协作下,推动了第 7 章中所列示项目的顺利实施。在构建通用社会的过程中,"产官学民"的紧密合作是不可或缺的,作为社会的一员,我们需要共同支持、相互学习,共同前进。

产业界(私营企业)需要不断倾听用户的声音,以改进产品和服务,使更多人能够轻松使用;政府部门(国家和地方自治机构)应提高人员意识,制定通用社会实现举措,并在政策中引入通用设计的视角,率先推动实施;学校(教育和研究机构)需要从通用设计的角度展开研究并培养相关人才;而民间(地方居民和非营利组织)则应关注自己所在的社区和生活,思考社区建设和物品制作方式,并积极参与其中。

"产官学民"在各自的领域积极行动,推动体制建设、社区发展和产品制造,其中的核心原则是"尊重个体,包容万象"。保持这种意识,我们可以向着打造一个包容

---

① 产官学民:指产业界(私营企业)、官方机构(国家和地方自治体)、学校(教育研究机构)、民间(社区居民和非营利组织)这四个部分。

性的神户市不断迈进(图 8-1)。

图 8-1 "产官学民"合作机制

8.2.3 通用型地区模式

无论年龄、国籍或残障与否,人们都渴望生活在一个尊重人类尊严的社会中。每个人都希望能够发挥自己的知识和技能,成为社会的一员,并在自己熟悉舒适的环境中生活。

2008 年,神户市被联合国教科文组织认定为"全球创意城市网"[①]之一,并被推举为设计之都。设计不仅仅涵盖可见的"形状和颜色",还包括创造它的"计划和结构",以及其背后的"意图和思维方式"等广泛的内涵。设计还承担着使生活中的环境、灾害防护、福祉、教育等议题变得更加"可见"和"传达"的角色。卓越的设计拥有吸引人们的注意、触动心灵,激发行动的力量。

古老的港口城市神户长期以来接纳了许多外国人并共存,由此产生了多样的文化和交流。并在经历了地震的洗礼后,逐渐形成了"接纳差异,相互支持"的精神,这与通用设计理念一致。承认彼此的不同和多样性,共享新的价值观,神户将继续努力成为未来实现通用社会的地区典范。

图 8-2 神户夜景

---

① 全球创意城市网:由联合国教科文组织(UNESCO)设立,旨在通过世界各地创意城市之间的合作和交流,促进不同文化间的相互理解的网络。 https://www.city.kobe.lg.jp; https://design.city.kobe.lg.jp

UNIVERSAL FASHION

附录

设计与服装的基础

设计在生活中是以"人的使用"为前提的，强调在生活中的功能性、舒适性以及感觉的重要。本部分将介绍根据生活方式进行服装款式选择的方法以及服装构成的主要元素，如材质、颜色、形状、图案、尺寸等基本知识，此外还将介绍服装管理和护理的内容，提供关于舒适的服装生活的基本知识。

F.1 生活与设计

F.1.1 设计的意义

在日常生活中，我们经常使用"design"（设计）这个词。它源自拉丁语的"designare"，意为"标记、展示、指示"。现在，"design"作为全球通用的词汇被广泛使用。

这个词的含义可以理解为：作为名词时，指"对于目标，在脑海中绘制的计划或方案，提前展示的草图或模型、作品的结构性构成或基本框架"；作为动词时，表示"在脑海中想象、规划，并在预先确定的目标实现之前创造、规划和计算"，具有广泛的意义。

人们往往认为设计只是创造可见的外观如颜色、形状、材质等造型活动。然而，设计的范畴远不止于此。它是一个综合性的过程，涉及到对用户体验的深刻理解、功能性需求的满足，以及整体概念和框架的构建。

F.1.2 设计的条件

在进行设计活动时，必须深入考虑的一系列关键因素，其中之一就是用户的使用目的和需求。为了确保设计方案的成功实施，需要全面了解用户的年龄、性别、职业、生活方式以及个人喜好等方面的信息。在考虑用户需求的同时，还需要思考设计对象将在何种场景、何地以及在什么情况下被使用。此外，了解用户对产品或服务的支付预期也至关重要。这些因素共同构成了设计的基本条件，可以通过"5W2H"的概念来全面解释（表 F-1）。

表 F-1 设计的基本条件

WHO（谁）		谁会使用这个设计？每一个设计物品都有它相应的使用对象。 需要了解目标人群的年龄、性别、职业、生活方式以及喜好等信息。
WHY（为什么）		设计的目的是什么？ 在设计方案中必须充分考虑使用目的，以满足相应需求。
WHEN（何时）		设计在何时会被使用？如果不根据时间或季节进行规划，就无法生产出所需的产品。 准确把握进入市场的时机非常重要。
WHERE（在哪）		这个设计将在何处使用？根据使用地点的不同，设计规划将有所差异。 必须考虑使用场所和情境，制定材料、外形和色彩等方案。
WHAT（什么）		应该采用什么外形？应该具备什么样的功能？这个设计将如何影响人们的生活？在考虑设计需求时，应该从多个角度进行综合考虑。
HOW	MUCH（价格）	设计的产品在市场上的售价应该是多少？在设计规划中，保持成本与效益的良好平衡是至关重要的，以确保以最小成本获得最大效益。
	MANY（多少）	生产计划中的物品数量是多少？通过控制生产数量，减少库存，实现高效销售。 保持商品库存与销售量的平衡至关重要。

人们会无意识地对设计提出一些要求。例如，汽车不仅要能快速行驶，还要拥有优美的外形、颜色以及舒适的乘坐体验，且其安全性是必要条件。同样对于杯子而言，它不仅仅是盛放饮料的容器，还要具有漂亮的外形和易于握持等特点。

在挑选服装时,不仅要注重穿着的舒适感,还希望服装能展现出我们美丽的身形和体现年轻的色彩。即使设计再时尚新颖,如果尺寸不合适,那么也不会被选中。再怎么喜欢,如果价格过高,那么也无法购买。适当的价格,同样是一个重要的考量因素。

换句话说,我们就是要从"人类使用"的角度来考虑设计的条件,并提出一些要求。设计中的美不同于艺术的美。艺术美是"纯粹的美",而"设计美"则是从"人类使用"的视角出发,需要考虑功能性和经济性,并在此基础上构建美感。

设计的基本条件主要包括六个方面:功能性、安全性、审美性、独创性、耐久性和经济性(图 F-1)。

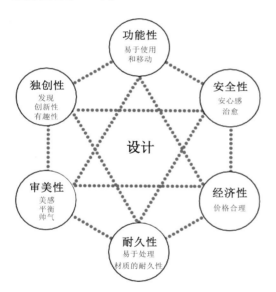

图 F-1 对设计的要求

在功能性方面,我们要考虑人体结构和功能,确保使用时无压力,选用合适的材料和质地,使活动变得舒适、便捷且易于打理。在安全性方面,需要关注对人体和心理的安全感和信任感。在审美性方面,除了在材料、色彩和外形上表现美的元素外,还应包含符合各个时代审美需求的元素。

在独创性方面,要基于独特的思维和敏锐的洞察力表现出创新的元素。在耐久性方面,要确保材料的质感和效果具有一定的持久性。在经济性方面,需要在最小成本下获得最大效益,要考虑到材料成本、人工成本以及时间效率等因素。

F.1.3 设计的领域

设计涵盖的领域与人们的生活息息相关,涵盖了从与人类最为贴近的服装,到各种工具、设备、家具、建筑、园林和城市空间等。人类生活和设计紧密相关的设计活动,可以按照图 F-2 的方式进行大致分类和说明。

在日常生活中使用的各类造型物品设计可大致分为产品设计(product design)、空间设计(space design)和传达设计(communication design)三类。

(1) 产品设计(product design)

产品一词表示"生产",涵盖了日常生活空间中所需的用品和装饰品等。工业产品设计涉及工业生产的物品,如家具、家电、汽车和设备等。时尚产品设计包含了与服饰相关的物品,如服装、鞋子、帽子和配饰等。

(2) 空间设计(space design)

"space"意指空间,其目的在于创造生活环境,通过对空间本身的设计实现这一目标。这些空间涵盖了我们日常生活的室内空间、城市、地区以及自然环境。总体而言,空间设计包括建筑设计(architecture design)、城市设计(urban design)、景观设计(landscape design)、室内设计(interior design)、外部环境设计(exterior design)等方面。

(3) 传达设计(communication design)

传达设计意指传达、报导、联络等含

义。传达设计是一种将人与人之间的意愿、情感、信息等不可见的以可见的形式传达的设计。

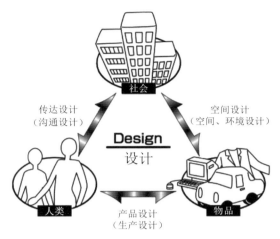

图 F-2　人类生活与设计之间的关系

近年来,随着信息技术的进步,多样化的新的传达设计得以发展,如包括图形（graphic）、计算机图形（computer graphic）、图像（image）等与视觉相关的设计。传达设计涵盖了人类的五感。近年来涉及听觉、触觉和嗅觉等方面的设计也开始得到发展。

F.2　生活与时尚设计

F.2.1　时尚的意义

从"时尚"这个词汇中,我们往往会联想到随着时代变化的年轻人的服装、配饰、发型等。"时尚"的词源来自拉丁语的"factio"（作为、行为、举止）,进入古法语后变成"façon"（方式、方法、行为、风格）,最后演变为英语中的"fashion"（流行、时尚）。

在英语中"fashion"一词涵盖了方式、风格、上流社会的习惯、流行模式等多种含义,但一般来说,它主要表示"流行"的概念。在法语中"vogue"也被用作同义词。"mode"一词也有类似的含义,它通常指在一种流行之前出现的先驱性现象,相当于英语中的"high fashion"（高级时尚）或"top fashion"（顶级时尚）。

"流行"一般被定义为"某种现象突然在社会范围内传播开来,特指服装、化妆、思想等方面的风格被普遍接纳和采用的情况"。也就是说,时尚是一种在社会或大众中被接受后才形成的现象。近年来,作为同义词"trend"（趋势）这个词也被广泛使用。

F.2.2　时尚的渐进性

时尚就如同"流行"一词所指,是随着时代的变化而出现的,最终逐渐消失,然后新的时尚又会出现。这一现象被称为时尚的渐进性,可以用海浪的波动来比喻解释（图 F-3）。

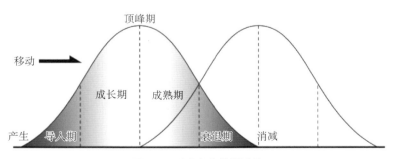

图 F-3　时尚产业的渐进性

首先，会有时代中自我表达欲强烈的领导性人物提出具体的设计概念。这些设计会得到众多追随者的支持，成为流行的浪潮，然后逐渐减弱。而那些没有衰退，一直保持并成为经典的元素会形成一种风格（样式）被固定传承下来。

时尚现象通常具有前兆，然后逐渐演化并达到巅峰。因此，当一个现象达到巅峰时，接下来的现象会逐渐显露迹象，它们会相互叠加并不断重复。

人们常说"时尚（即流行）是循环的"，这是因为它始终与特定时代的社会背景密切相关。在与过去某一时期有共通点的时代，类似的时尚更容易出现。换句话说，曾经流行的设计再次受到关注，并融入新的时代感觉，以全新的设计呈现出来。这种现象被称为"时尚的循环性"，这种循环并非沿着同一条圆周轨迹进行，而是呈螺旋状重新产生并回归。

因此，时尚现象总是在特定时代的社会背景和人类欲望的交织中形成，并通过逐步演变和循环性的轮回交替，不断创造出新的设计（图 F-4）。

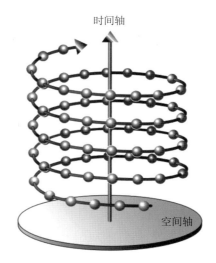

图 F-4　时尚现象

F.2.3　所谓"时尚设计"

在日语中，"ファッション"（时尚）通常被翻译为"流行"，在本书中所提及的"ファッションデザイン"（时尚设计）指与服饰相关的设计领域，包括以服装为中心的配饰、化妆、发型等（表 F-2）。

表 F-2　时尚设计包含的类型

时尚设计	含义
服装设计 （apparel design）	"apparel"这个词在日语中意为"衣服/装扮/服装"，自 20 世纪 70 年代以来在日本常常被用来泛指衣服以及与衣物有关的纤维制品。通常也称为"成衣"，指相对于定制服装而言的较为简易的服装。
戏剧服装设计 （costume design）	除成衣之外的为个人定制的服装、具有某种特殊性质的服装以及舞台服装等设计。
纺织品设计 （textile design）	纺织品从"织"的意思出发，指织出的物品。在现代，这个概念还包括了染色、蕾丝、刺绣等技术在整体面料中的应用。纺织品设计指对布料进行综合性设计，包括服装面料、领带、围巾、窗帘等，涵盖了材质、图案和配色等。
配饰设计 （accessory design）	配饰指"装饰品配件"。耳环、项链、戒指、帽子、手套、箱包、围巾、腰带等与服装搭配，以增强美感效果的装饰品。
美妆设计 （cosmetic design）	有美化、装扮之意，主要指与时尚相关的设计，如化妆和美发等。近年来，美妆设计不仅仅局限于化妆，还扩展到全身美容、染发、健康和放松疗法等领域。

每年，全球各地都会举行时装设计师的系列作品发布会，各类媒体包括时尚记者们都会向全球介绍最新的设计创意。一旦登上时尚杂志的版面，这些商品便会迅速出现在商店货架上，街头也会出现许多穿着相同风格的女性。每当推出新款、新颜色、新材料等以"新"为特点的商品时，都会成为社会热议话题，以激发人们的购买欲望。

时尚领域中频繁出现这种现象，可能是因为在这个领域中，服装和相关商品能够轻松、自由地实现个性化的自我表达，因此占据了主导地位。时尚设计是最贴近人生活的设计领域之一，能够迅速捕捉到人们对社会环境变化的感受和欲望，并将其转化为设计提案。从过去到现在，引领时代潮流的时尚和设计思潮一直不断涌现，时尚也随着社会环境和时代背景的变化而不断演变。

F.3　生活中的服装

F.3.1　服装的意义

衣食住行被视为人类生活的基本需求。在人的一生中，人体始终需要"被覆盖东西即穿戴衣物"，正是这些着装行为构成了人的服装生活。

"衣"是一个象形文字，由衣领和左右袖子的形状构成，表示覆盖人体的服装或大衫等。形容穿着行为的有"披上""罩上""套上""戴上""围上""佩戴""系上"等词汇，与之相应的在不同时代和地区会有各种不同的服装用语（表 F-3）。在本书提及的时尚设计范畴中，"衣服"是重点阐释的内容。除了衣服本身，覆盖身体不同部位的装饰品如帽子、围巾、手套等统称为"服饰配件"。

表 F-3　与服装相关的各种用语

衣服	覆盖人体主要部位包括手臂和腿部物品的总称。 涵盖了穿上、披上、缠绕等穿着方式的连衣裙、外套、夹克、短裙等。
被服	为了着装而将人体各部分覆盖起来的物品。 包括帽子、围巾、领带、鞋子等，涵盖了所有穿戴在身上的物品的综合性名称。
衣料	衣物以及用于制作衣服的织物等总称。
衣类	衣服品类的总称。
衣裳（裳）	这些词汇属于古代用语，其中，"衣"指"覆盖上半身的物品"，而"裳"则指"覆盖下半身的物品"。 在现代，这些词汇通常用于描述一些特定品类，如舞台服装、婚礼服、传统服装等作品用语。
着物（和服）	这个词语来源于把穿着的物品裹在一起形成的衣物。 广义上与衣物用语相同。 狭义上，指日本服装，也就是和服。
服饰	指覆盖类装饰品的总称，除了身上穿的衣物外，还包括头饰、鞋子、手持物品、发饰等各种装饰物品。
服装	服装是指通过穿戴服饰而形成的外观或整体装扮，包含了衣物、配饰等身上穿戴的所有物品。 当衣服穿在人体上时，服装才得以形成。

F.3.2　服装的起源与着装动机的发展

人类为什么要穿衣服呢？

这一起源可以追溯到对抗寒冷和酷热、避免外伤，或者为了适应自然环境和社会环境，以及为应对羞耻感而需要遮掩身体。在早期的生存需求下，人类穿戴着由动物的毛皮、鱼皮以及加工过的树皮制成的衣物。

随着人类社会的发展，衣物的作用不再仅限于功能性，还扩展到作为自我装饰、吸引异性、彰显权威等在人际互动中表达自我的手段。

服装因地域、生活环境、民族风俗、文化以及时代而异，然而共通的是，它们都从保护身体免受外界影响开始，逐渐演变为向外界传达意图（沟通）的方式。随着美感和文化意识的不断进步，服装作为自我表达的重要工具发挥了重要作用，并延续至今。

F.3.3　满足自我表达的愿望

这种穿着衣物的目的、和社会的关系与马斯洛（A. H. Maslow）的人类五阶层次需求理论密切相关（图 F-5）。马斯洛将人类的需求分为五个阶段，他认为人类的基本需求是生理和安全需求，涵盖了对自然环境的适应和身体保护。随着社会的形成，社会归属的需求变得更加强烈，包括个人身份、职业、阶级等的表达。随着需求升级，个人尊严和自我表达变得愈发重要，进而演变为实现自我能力的渴望，即自我实现的需求。

可以说，服装正是将人类本身对自我表达欲望的实体化媒介。人们通过衣物的穿戴进行自我表达并参与社会，这些行为对于每个人来说都是平等的。通过服装，每个人都被赋予了思考如何创造丰富心灵、自由、愉快生活的重要任务。

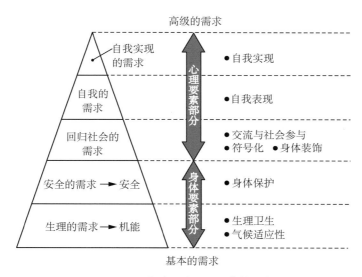

图 F-5　马斯洛需求理论与着装目的

F.4　服装的分类

F.4.1　根据服装形态和品种的分类

观察衣物时，我们可以发现它不仅以包裹身体各部分的形式存在，而且这些部分相互连接，形成了各种廓形，即衣物的设计。头部的覆盖物包括帽子和头巾等，颈部有领子、围巾、披肩等，上半身包括背心等上衣，手臂部分涉及袖子和袖口。腰腿部分包括裙子、裤子等覆盖下半身的衣物，而手部和脚部则分别被手套与袜子、鞋子包裹着。

衣身结构		服装品种
一体式	一片式连衣裙	上衣和下衣合并为一件连衣裙的总称，有些有腰部的接缝，有些没有，简称为连衣裙或礼服
	套装	通常用来指一套搭配好的服装或装扮。这个词在时尚领域中指的是由不同部分组成的整体造型，包括上衣、下衣、外套、配饰等的搭配。这种搭配强调整体的协调性和和谐感，使整个外观看起来更加统一
	连衣裤	通常指的是一种穿在毛衣、衬衫等上衣外面的裤子式的工作服或休闲装，它也被用作婴儿的连体服或年轻人的连身衣等应用设计
	外套	这种服装通常穿在其他服装的外面，男女皆可穿着，与其他服装不同之处在于，它主要用于户外活动，提供保暖、抵御风雨、防尘等功能，同时也可能具备一些装饰性的作用
分体式	西服套装、套裙	每件衣物都有各自的功能和用途，但又可以通过搭配作为整套服装穿着的衣服。这个概念随着时代的变化而演变至今，不仅仅限于上下衣面料相同，还包括不同材质搭配成套的服装
	马甲、背心	背心和马甲指没有袖子的衣服，通常穿在衬衫上或外套下，它可以与西装、女士衬衫、裙子等搭配，用于增添着装的亮点，增强整体造型的作用
	衬衫	一种覆盖上半身的宽松服装款式，可以分为合身式女士衬衫（可塞进裙子或裤子里的女士衬衫）和宽松式女士衬衫（放在裙子外面的女士衬衫）两种
	短裙	覆盖下半身的服装单品，具有多种不同的设计，包括形状、长度、细节等
	裤子	分别包裹两条腿的服装品类，有西裤、短裤等

不同部位的包裹形态随着时代的变迁常常会带来廓形和细节的变化，从而不断创造出最新的服装款式。图 F-6 展示了身体部位与服装形态之间的关系，这些可以成为考虑服装类型和细节时的一个视角。

如表 F-4 所示，服装分类包括一体式的连衣裙、套装、外套，分体式的上装（衬衫、夹克）、下着（裙子、裤子）等。

根据衣身结构，衣服可以分为一体式和分体式。一体式指覆盖整个身体的衣物，如连衣裙、大衣等。分体式指分为上半身和下半身两部分的衣物，如衬衫、裤子等。上半身的衣物由肩部支撑，下半身的衣物由腰部支撑。

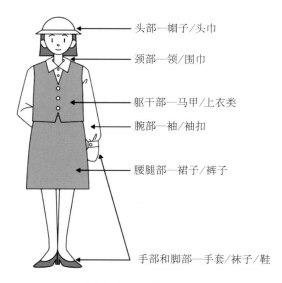

头部—帽子/头巾

颈部—领/围巾

躯干部—马甲/上衣类

腕部—袖/袖扣

腰腿部—裙子/裤子

手部和脚部—手套/袜子/鞋

图 F-6　身体部位与服装形态之间的关系

F.4.2　按照穿戴行为分类

穿戴行为与人的运动功能和残存能力密切相关,因此了解和掌握穿戴行为的种类与特点,是以通用理念进行服装设计时的重要因素。图 F-7 列出了穿戴行为的不同种类。

F.4.3　根据生活场景分类

根据生活场景分类指根据日常生活行为和目的,按用途对服装进行分类的方法。一般来说,它可以分为正式生活(社会生活)和私人生活(个人生活)场景两大类。

在正式场景中,可将服装分为正装、商务装、校服等。而私人生活则包含了各种私人活动,服装可按照个人生活场景进行分类,如城市服装、运动服装、居家服等(表 F-5)。

盖、套
盖(蒙,遮盖)的起源被认为是源于保护身体不受外界环境影响,以及裹身以遮着。一些关东袍就属于这种类型,据说古代的礼服还曾被用作头饰。

缠、裹
缠、裹,是一种将服装进行固定的穿着方法。特别强调覆盖下半身,如腰衣就属于这种类型。与披、蒙这类与身体有一定距离的穿着方式不同。

打结
被认为是一种将织物固定在身体上的方法或装饰技巧。

系上
使用纽扣、挂钩或紧固件固定敞开服装的穿着方法。

穿上
披在肩上,主要用于礼服。穿在和服外面的羽织就是一个典型的例子。

穿(或戴)下半身衣服(如裤子、裙子等)
根据下半身(包括臀部和腿部)的结构和功能设计的服装,包括所有裤子、裙子、鞋子和袜子。

合上
指左右两侧衣服重叠或连接在一起的穿衣方式。

叠穿
叠穿是指将材料重叠在一起的穿着的方式。它是基于生理功能,如体温调节和重叠装饰效果而设计的。

图 F-7　按照穿戴行为分类

表 F-5　根据生活场景的分类

	TPO	生活场景	服装种类	特征
以用途为基准的生活场景分类	正式场景	• 正式社交场合 结婚仪式、庆祝会、招待会、正式派对、葬礼	婚纱、晚礼服、鸡尾酒礼服、皮草、传统服饰、丧服	• 具有特定礼仪形式的服装 • 高贵的品味、高级感、仪式感的服装
		• 半正式社交场合 入学典礼、创立纪念仪式、毕业典礼、音乐会、演讲会、相亲、社交活动	午后礼服、鸡尾酒礼服，长裙、短裙、丝质衬衫、传统服饰	• 适用于非仪式性社交活动的服装 • 虽然比不上正式礼服的格调，但具有华丽和品格的服装
		• 商务场景 通勤、工作、会议、招待客户、出差	协调的商务服装。裙套装，长裤套装。外套、衬衫、毛衣、裙子、长裤	• 适合工作场所氛围的职业装 • 融合一些流行元素，以实用、合理和功能为主的服装
		• 校园生活场景 上学、课程、学习、研究、研学旅行	协调的校园服装。牛仔装、T恤、毛衣、开衫、卫衣、夹克	• 适合校园生活，具有运动风格和实用功能的服装
	私人场景	• 城市生活场景 通勤、上学、拜访、购物、约会、课外活动、外出就餐、观剧	以城市休闲服、都市休闲装等各种单品为基础的搭配	• 愉快友好的、适合活动的服装
		• 个人社交场景 校友会、音乐会、公共课程、家长教师联合会、拜访、圣诞家庭派对、生日聚会	都市优雅造型（裙装系列）、下午五点后时装（适合晚间社交活动的服饰）、社交场合造型（传统服饰）	• 适合生活场景的个性化、休闲服装
		• 休闲场景 观看体育比赛、自驾游、徒步旅行、短途旅行、度假	旅行服、驾驶服、徒步户外服、运动休闲服的各种单品组合	• 休闲时光的游玩服 • 适合生活场景的轻松愉快的装束、休闲和放松服装
		• 专业运动场景 打网球、滑雪、游泳、钓鱼、打高尔夫、驾帆船、登山、探险等各种体育活动	网球服、滑雪服、高尔夫服、泳装、帆船服、钓鱼服等具备运动功能的各种单品组合	• 如果目的是进行体育运动，就会有各种不同功能性的装备可供选择 • 这些服装也与休闲服装密切关联
		• 健康运动场景 慢跑、跳爵士舞、跳体操、做瑜伽、骑行	连身衣裤、塑身衣、训练服、短裤、T恤、运动衫、外套	• 适合健康导向运动的运动服

	TPO	生活场景	服装种类	特征
以用途为基准的生活场景分类	私人场景	• 居家生活场景 休闲、睡眠、阅读、看电视、做家务劳动、养宠物、做园艺、DIY、散步	日常居家服、居家办公服、休闲室内服、睡袍、睡衣、围裙、"一英里服装"（在家或去家附近超市等地合适的服装）	• 居家服 • 睡衣，家务、居家办公或日常外出的服装

F.5　服装与人体

F.5.1　了解不同的体型

　　"体型"指身体的形状和外观轮廓。体型的基础是骨骼，大约由 200 多块不同形状和尺寸的骨头连接在一起构成。这些骨头通过各自的关节相连，肌肉附着在关节上，通过肌肉的伸缩带动骨头，使身体产生运动。在骨骼之外，还有皮下脂肪，其由皮肤包裹，从而形成了体型。

　　身体比例受性别、年龄、种族等因素的影响而具有不同的特征。标准体型的确立是基于众多人体数据的测量。根据其差异，可以将体型分为不同的尺寸，如"瘦或肥胖"，各部位的形态，如"前倾或后倾"及不同的姿势类型（图 F-8）。

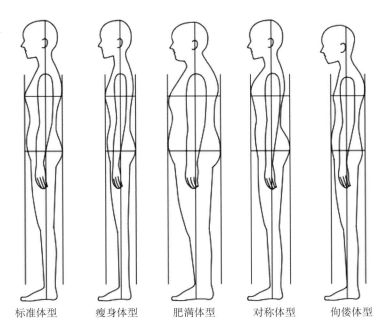

　　标准体型　　瘦身体型　　肥满体型　　对称体型　　佝偻体型

图 F-8　不同体型的差异

　　在进行设计时，充分了解穿着者的体型和比例至关重要。设计师应注重体型的平衡，努力创造出既能突显穿着者体型优势，又能弥补缺点的款式。

F.5.2　服装与尺寸

　　我们日常穿着的大部分衣物都是成衣。成衣指根据一定规格在工厂大规模生产,以满足大众需求并以成品形式销售的服装。这些服装的尺寸通常是按照各国所制定的标准化尺寸制定的。(中国以 GB-T、日本以 JIS 规格为标准)

JIS 规格的尺寸标准包括身高、胸围和臀围这三个部位,通过这些参数的比例确定了规格标准。以日本成年女性为例,将身高分为 142 cm、150 cm、158 cm 和 166 cm,并将胸围在 74～92 cm 以 3 cm 为间隔,92～104 cm 以 4 cm 为间隔进行分类。在不同身高和胸围类别的组合下,出现频率最高的体型被定义为 A 型,并根据臀胸围的差异大小,分为 Y 型、AB 型、B 型等不同体型(表 F-6～表 F-8)。

表 F-6　体型分类(成年女性)

体型	分类含义
A 体型	在日本成年女性的不同身高和胸围类别组合中,出现频率最高的臀围尺寸所代表的体型
Y 体型	相较于 A 型体型臀围小 4 cm 的体型
AB 体型	比 A 型体型臀围大 4 cm 的体型,但胸围限制在 124 cm 以内
B 体型	比 A 型体型臀围大 8 cm 的体型

表 F-7　身高分类(成年女性)/cm

号型	中心值	范围	含义
PP	142	138～146	极小号
P	150	146～154	小号
R	158	154～162	标准、普通
T	166	162～170	高

表 F-8　根据身高分类的 A 型体型胸围和臀围尺寸(成年女性)/cm

尺码	3	5	7	9	11	13	15	17	19
胸围	74	77	80	83	86	89	92	96	100
臀围	85	87	89	91	93	95	97	99	101

表 F-9　尺寸范围类型表示(成年女性)/cm

尺码	身高	胸围	臀围	腰围
S		72～80	82～90	58～64
M		79～87	87～95	64～70
L	154～162	86～94	92～100	69～77
LL		93～101	97～105	77～85
3L		100～108	102～110	85～93

表 F-10　身高分类(成年男性)/cm

尺码	2	3	4	5	6	7	8	9
身高	155	160	165	170	175	180	185	190

表 F-11　体型分类（成年男性）/cm

体型	J	JY	Y	YA	A	AB	B	BB	BE	E
胸与腰围差	20	18	16	14	12	10	8	6	4	0
尺码数	7	7	8	15	22	22	12	12	6	6

尺寸标记有单一和范围标记（表 F-9）。单一标记用数字或符号表示，例如 9 号的尺寸胸围 83 cm、臀围 91 cm、身高 158 cm，其所示数字为中间尺寸（如 9 号的胸围 83 cm，其范围为 81.5～84.5 cm）（图 F-9）。范围标记用 S、M、L、LL 等尺寸符号表示（图 F-10）。成年男性以身高分类（表 F-10），从最瘦的体型"J"到最胖的体型"E"，分为 10 种类型（表 F-11）。范围标记是基于身高和胸围关系进行的（图 F-10、图 F-11）。

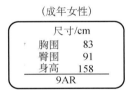

图 F-9　体型分类示例

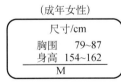

图 F-10　尺寸范围标记示例

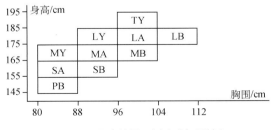

图 F-11　尺寸范围示例（成年男性）

F.5.3　服装与动作

在日常生活中，我们会反复进行各种动作，比如行走、站立、坐下、躺下等。当人体进行不同的动作时，骨骼的位置会发生变化，随之而来的是肌肉的膨胀和伸缩。所有这些动作都是通过关节的运动来实现的，不同类型的关节具有不同的活动范围和方向。与静止站立姿势不同，进行动作时身体各部位的尺寸也会随着动作产生变化。

穿着服装进行活动时，衣物也会产生变形。举起手臂时，肩胛骨的位置会移动，肩宽变窄，背部宽度和腋下长度增加，从而外套肩部产生皱褶，腋下也会出现皱褶（照片 F-1）。身体前倾或向前伸展时，脊柱和胸廓向前移动，从而外套前面变长，后衣长度不够的话就会露出背部（照片 F-2）。弯曲肘部时，肌肉膨胀，肘部围度变粗，手臂长度增加，从而袖长变短（照片 F-3）。坐在椅子上或跪坐时，臀部、腰部和大腿部位变宽，从而前裤腰上部显得过长，后裤腰长度不足。此外，裤子的长度也会变短（照片 F-4）。

考虑身体的活动并制作有适当宽松度的服装很重要。

F.5.4　服装尺寸测量

"测量"是制作服装最基本的工序。为了制作合身且易穿的服装，需要从数字上了解穿着者的体型。通过测量图 F-12 中所示的部位，可以获得设计所需的基本尺寸。

照片 F-1　举起手臂时

照片 F-2　身体前倾时

照片 F-3　手肘弯曲时

照片 F-4　坐姿时

测量点

根据要生产的服装类型确定测量点，并进行正确的测量

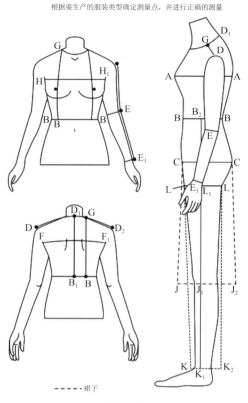

------ 裙子

图 F-12

　　服装制作的目的是设计出让穿着者感到舒适的服装，而不是过于强调数字的尺寸测量。这些尺寸是以站立姿势为基准的，因此在考虑到自然姿势和舒适度的基础上，才能称之为适合身体的测量。特别是对于老年人和残障人士，更应该充分考虑这一点（表 F-12）。

表 F-12　测量部位与测量方法

胸围	水平围绕胸部最高点 A 的围度进行测量
腰围	测量腹部最瘦处 B 的围度
臀围	测量臀部最大处 C 的围度
肩臂围	通过肩点 D 测量臂根部的围度
通袖长	测量从背部后颈点 D_1 开始，通过肩点 D，沿着自然下垂的手臂经过肘部 E 点，一直到手腕部点 E_1 的长度
袖长	从肩点 D 到手腕点 E_1 的长度，与通袖长减去肩背宽（D—D_1）的尺寸相同
背肩宽	通过后颈点 D_1 的 D—D_2 的尺寸
背宽	测量背部左右腋下点之间的距离，即 F—f_1 的距离
背长	从后颈点 D_1 开始，经过腰部后中心点 B_1 的长度
后长	从侧颈点 G 开始，经过肩胛骨，测量到腰围线 B 的尺寸
前胸宽	测量胸部左右前腋点即 H—H_1 的距离
前长	从侧颈点 G 开始，经过前胸点，垂直测量到腰围线 B 的尺寸
连衣裙长	测量从后颈点 D_1 到下摆 J_2 的尺寸（衣服的长度根据设计而变化）

半裙长	从腰围 B 到裙子下摆 J_2 的尺寸。 另外，衣长 $D_1—J_2$ 的长度减去 $D_1—B_1$ 的尺寸就是裙子的长度
裤长	从侧腰部 B_2 开始，通过膝盖到脚踝 K_1 的尺寸
立裆与股下高	立裆是从腰部 B_2 点开始，测量到大腿根部 L_1 的尺寸，与 $B_2—K_1$ 减去 $L_1—K_1$ 的尺寸相同。 股下高是从臀部下方 L 点开始，测量到脚踝 K_2 的尺寸

F. 6　衣服的构成要素

F.6.1　材料

（1）面料纤维的种类

通常，我们穿的衣物材料包括各种纤维、皮革、毛皮、合成树脂等。作为织物原料的纤维被定义为"具有足够的长度（相对于其粗细而言），纤细且柔软的构成单位，例如纱线、织物等"（JIS：日本工业规格）。这些纤维被加工成纱线，然后用来织造或编织制成用于制作衣物的织物材料（图 F-13）。

纤维的种类包括来自自然界的动物毛、蚕茧、植物等天然纤维，以及通过人工方法制造的化学纤维（合成纤维）（表 F-13）。

天然纤维通常具有良好的透气性和保温性，柔软且具有弹性。它们通常更适合与皮肤接触，但可能缺乏耐用性，并且具有易受外部条件影响而改变质感等特点。

化学纤维具有不易起皱、轻便、耐用等功能性优点，但其风格特征与天然纤维不同。目前，融合了这两种纤维优点的新材料开发和注重功能性的加工技术，如保湿性、防水性、抗菌性、耐热性等，也在不断进步。这些技术在服装制造以及福利医疗等多个领域得到广泛应用。

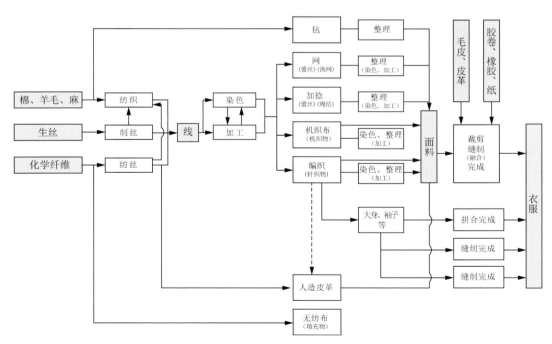

图 F-13　从原材料到制成服装的过程

表 F-13　纤维的种类与性质

纤维的种类			商标名称	性质	用途
天然纤维	植物纤维	棉	—	具有良好的手感、吸湿性、耐用性和易于使用等特点，作为一种常规面料使用。从平纹到薄纱，品种多样，具有丰富的变化。不足之处在于容易起皱，并且在洗涤时可能会收缩。	衬衫、内衣、睡衣、袜子，衬布、缝纫线
		麻	—	非常坚固，吸湿性良好。具有美丽的光泽和张力，给人一种清爽感，是适合春夏季的材料。不足之处是容易起皱。	衬衫，内衣、袜子，里布
	动物纤维	毛	—	具有出色的保湿性能，同时也非常有弹性和伸缩性，不容易起皱。但对水和湿度敏感，在洗涤时容易起毛和收缩。由于纤维具有一定的张力，柔软且有筋骨，因此被广泛用于各种类型的服装中。	男装、女装、童装。外套、毛衣、袜子、围巾，衬布
		丝	—	具有优雅而柔软的触感，具有良好的垂感，非常轻盈且舒适。由于具有出色的染色性能，其适合前染、后染以及各种印花图案。但易起皱，并且在洗涤时容易收缩。	女装。女式衬衫、围巾、领带、和服、里布、缝纫线
化学纤维	再生纤维	黏胶纤维	各公司人造丝	这种纤维具有类似丝绸的触感，以其良好的肌触感、垂感、鲜艳的颜色和光泽而著称。但易起皱，且在潮湿时强度会显著下降。	女装、童装。女式衬衫、里布
		聚酮纤维	塔夫赛尔（东洋纺）、俊荣（富士纺）		
		铜氨纤维	奔贝尔谷（旭化成）		
	半合成纤维	醋酸纤维	帝人醋酸盐纤维（帝人）、灵达（三菱）、Estella（大赛璐）	虽然不太坚固，但具有轻盈而蓬松的触感，以及类似丝绸的光泽。可以利用其热塑性进行褶皱、水印处理等。黑色染色效果出色。	
		三醋酸纤维	Soalon（三菱）		
	合成纤维	聚酰胺纤维	尼龙（东丽、尤尼吉可、旭化成、东洋纺、钟纺、帝人）尼龙66（东丽）、LEONA PA66（旭化成）	非常坚固的纤维，轻盈而柔软的触感，具有良好的伸缩性。吸湿性较差，容易产生静电。	内衣、袜子（长筒袜）、雨衣、运动服

纤维的种类		商标名称	性质	用途
化学纤维	合成纤维 聚酯纤维	TETORON（东丽、帝人）。 涤纶（东洋纺、尤尼吉可、旭化成、可乐丽）	具有优秀的强度和弹性，不容易起皱，也不容易变形，因此被广泛用于各种用途，是目前最广泛使用的服装材料之一。	男装、女装、童装。 女式衬衫、运动装，里布、缝纫线
	聚丙烯腈	EXLAN（日本 EXLAN 工业）、 Cashmilon（旭化成）	轻盈、蓬松，具有良好的保温性，触感比毛绒更轻柔（有蓬松感）。 缺点是容易起球。	运动衫（运动服）、休闲服，毛衣、裤子
	丙烯系纤维	KANECARON（钟渊化学）		
	聚酰胺纤维	维纶（龙尼吉可、可乐丽）、维纶长纤维（NITIVY）	具有良好的耐磨性，但对热敏感，容易在熨烫时收缩。	工作服
	聚氨酯纤维	欧贝隆（东洋）	具有很高的伸缩性和弹性，类似橡胶的性质。	打底衫、运动服

（2）面料的结构种类

面料的结构类型包括机织物、编（针）织物、非织造布等，而在服装中机织物和编织物占据了大部分。

机织物是指由经纱和纬纱规则地相互交织而成的布料，经纱和纬纱的组合方式被称为织物结构。机织物有三种基本的织物结构，即平纹、斜纹和缎纹，被称为"织物的三原结构"。所有织物都是基于这三种组织结构的组合变化而形成的。

编织物是由一根或多根编织线以环状连接制成的平面状物品，也称为针织物。针织物有经编和纬编两类。针织物具有良好的伸缩性和丰富的功能性以及高生产率，因此目前不仅仅用于毛衣、内衣、睡衣、T恤、袜子等，还广泛用于外套、运动服及其他各种服装。

（3）面料的图案

面料图案丰富繁多。一般来说，从形状上来讲大致有几何形图案如条、格、圆形、钻石形、锯齿形、波浪形等纹样，植物花卉形图案，动物形图案如虫、鸟、鱼、蝴蝶等；从主题风格上讲有表现抽象的如现代绘画、艺术品、装饰艺术、波普艺术等风格，具象的如表现动植物、天文（太阳、月亮、星星等）、交通工具、建筑物、日用品等，以及其他如民族风格等；从工艺上来讲有印花图案、织纹样（提花、绣花）等。图案选择与颜色共同体现了穿着者的品味且能彰显个性。在搭配服装时，可以有效地利用不同的图案来增强整体效果。（表 F-14）

表 F-14　不同分类的常用几类面料图案的列举

类别	表现形式列举
从形状角度	
条纹	• 针形、发丝形、铅笔线形、粉笔线形、块状形条纹 • 双条、交替排列条纹 • 聚集（簇）、彩虹状条纹 • 层叠、越过、阴影条纹 • 意大利式、伦敦式、孟加拉式、马德拉斯式条纹
格纹	• 千鸟格、窗格纹、篮子格纹、黑白格纹、菱形格纹、星形格纹、小方格 • Glen Plaid 格伦格纹、Tartan Plaid 花呢格纹、Madras Plaid 马德拉斯格纹、Tattersall Plaid 塔特索尔格纹、Gingham Plaid 维希格纹（方格纹）
圆形纹	针状圆点、波尔卡圆点、硬币状、雨点状
其他	三角形、方形、钻石形、锯齿形、波浪形、螺旋状等纹样
从表现主题及风格角度	
具象图案	植物花卉等，动物（鸟、蝴蝶、昆虫、鱼、贝等），交通工具，建筑物，天文（太阳、月亮、星星）、文字、日用品
抽象图案	现代绘画、艺术品、波普艺术、装饰艺术
其他	如民族风图案：杂色花布纹样、佩斯利纹、唐草纹、阿拉伯装饰纹样、热带风纹样

（4）面料材质质感

材质可以传达出各种感觉，如温暖、凉爽、坚固、柔软等。这种感觉是由材料本身的特点所决定的，被称为材质感或质地感，一般情况下可通过视觉和触觉来进行评估。深刻理解材料的质感，有助于更好地选择适合的服装类型和设计（图 F-14）。

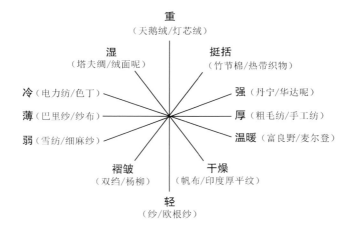

图 F-14　材料的风格和感觉

(5) 加工处理的种类

面料是直接接触人体皮肤的物品，与触感、功能性、舒适度以及活动方便程度密切相关。此外，面料在穿着和收纳时会受到阳光、摩擦、热量、汗水、洗涤等各种外部因素的影响。通过深入了解面料的特性，可以更好地满足不同的用途需求。如今，越来越多的人注重面料的触感和穿着感，对面料的要求也越来越高。在这种情况下，近年来已经开发出许多处理方法，包括改善外观和质感的处理以及添加特殊性能的处理（表 F-15）。

表 F-15　加工处理的种类

加工目标	加工处理类型	用途/方法
改变外观和风格的处理	洗涤处理	机织物、针织品的褶皱加工
	褶皱处理	折痕加工
	丝光处理（马塞尔处理）	给无光泽的棉布增加类似丝绸光泽的处理
	起毛处理	通过在面料表面制造起毛效果，增加保温性并赋予面料质感的处理
	石洗处理	将洗剂与小石混合在一起，有意诱发洗涤过程中的色差效果的加工方法
	涂层处理	这是一种通过将聚氯乙烯等材料粘附到织物上，赋予织物类似于塑料质感和光泽的加工方法
	柔软处理	使纺织品更加柔软、舒适的加工方法
特殊性能附加处理	预缩处理	一种在不使用化学药品的情况下稳定和减少纺织品缩水的方法
	防缩处理	通过化学处理来防止羊毛等材料在洗涤和揉搓过程中表皮（鳞片）缠绕和收缩
	防皱处理	这种处理方式称为"树脂加工"，用于赋予棉、亚麻和人造丝防皱和防缩性。由于使用了甲醛，如果最终处理不足，可能导致皮肤问题
	W&W 处理（洗涤/磨损加工）	一种使衣物在洗涤后可以立即穿着的处理方法，主要用于棉等纤维，可以防止因吸湿而导致褶皱和形状变化
	PP 处理（永久定型加工）	一种对棉等纤维进行树脂加工，以保持其形状稳定性的处理
	防水处理（通气性/防水加工）	一种在织物表面进行处理，使其具有排斥水的性质。通常用于制作雨衣等防水产品
	防水处理（不通气性）	一种通过在织物表面进行合成橡胶或乙烯基涂层处理，以防止水渗透的加工
	防污处理	这一种通过赋予合成纤维吸水性，使其不容易附着污垢，并且即使有污垢也容易清洗的处理方法
	SR 处理（Soil Release 加工）	一种在洗涤过程中容易去掉纺织品污渍的处理方法

加工目标	加工处理类型	用途/方法
特殊性能附加处理	防静电处理	通过使用防静电材料对物品进行处理，以减少或防止其产生静电现象的加工
	防火/阻燃处理	提高纺织品的抗火性和防火性能加工
	吸湿/吸汗处理	一种添加亲水性物质以增加其吸湿性能的加工
	防虫处理	一种将防虫性物质附着或吸附到羊毛纤维等上，以获得防虫效果的处理。但由于它对人体健康有潜在的影响，因此被谨慎使用
	防菌防臭加工（生物酶处理、卫生防污处理、防臭处理）	一种用于控制汗水、污垢和微生物繁殖的处理方法
	防 UV 处理	一种涂覆紫外线吸附剂的加工方法

F.6.2 色彩

(1) 颜色

人们的生活中涵盖了丰富多彩的颜色，既有自然界中的各种色彩，也包括应用在汽车、电子产品等物品上的人工色彩。在设计领域，颜色扮演着表达美感和形象的重要角色，对人们的情感和生活产生着各种影响。

色彩世界包含了数不胜数的颜色，可将这些颜色通过符号和数字进行整理、分类和系统化。通过理解与色彩相关的基本知识，可以更有效地表达设计的意图，而不仅仅凭感觉来把握。

据说人能够区分大约 500 万种颜色。颜色是通过眼睛感知的光波（电磁波）产生的，当光进入眼睛时被视网膜捕捉，通过视神经传输到大脑，就被人感知为颜色。光的颜色（色光），如彩色电视，混合得越多，就越明亮、越接近白光（太阳光）。另一方面，物体的颜色（色料），如印刷油墨和染料，混合得越多，就越接近灰色或黑色。

颜色可以通过混合来得到许多其他颜色，但无论如何混合都无法得到的颜色被称为颜色的原色，它们是颜色的基本色。光的三原色是红色、绿色和蓝色，而颜料的三原色是红色、黄色和蓝色。

(2) 颜色的三个属性

颜色具有三个要素，分别是确定颜色类别的"色相"，表示颜色明亮程度的"明度"，以及表示颜色鲜艳度和纯度的"饱和度"。这三个要素被称为"颜色的三属性"。通过将一种颜色分成这三个属性，可以将众多的颜色进行系统化分类。

1）色相

色相是颜色的基本类型，如红色、黄色、蓝色、绿色等，通常用于区分颜色的基本性质。

颜色的差异是由光波长的不同而引起的，最长的波长对应红色，最短的波长对应紫色。将这些可识别的波长呈现的颜色按顺序排列成一个环状，称为色相环（插页彩图 1）。另外，颜色还可以分为无彩色和有彩色。

2）明度

明度是指颜色的亮度程度，通常用"明亮—暗淡"或"高—低"来描述。明亮的蓝色或浅粉红色具有较高的明度，而深绿色或深棕色具有较低的明度。另外，无彩色指白色、黑色和灰色，只包含明度元素，其中白色具有最高的明度，黑色明度最低，而灰色则在这些阶段之间排列（插页彩图 2）。

有彩色包括色相、明度和彩度三元素,根据无彩色的级别确定明度。

3)饱和度

饱和度是指颜色的鲜艳程度或纯度,通常用"鲜艳—暗淡"或"浓烈—淡雅"等来表达。鲜艳的颜色具有高饱和度,而温和的颜色则具有低饱和度。

浑浊的颜色通常具有较低的饱和度,而未经混合的纯净颜色(纯色)则具有较高的饱和度。

(3)色调

色调是指同一颜色的不同明度和饱和度。在色相环中,色调表示颜色的明亮度、强度和深浅程度,也可以称为"色彩色调"。(插页彩图2)

具有相同色调的颜色,即使色相不同,它们的印象也是共通的,因此非常适合表达色彩名的印象。

(4)色立体

色立体(色彩体系)是一个用符号和数字准确表示颜色三属性的三维立体图示,其中:明度位于垂直轴的中心;色相沿着轴线周围的圆周排列,呈放射状分布在色相平面上;饱和度则由中心轴向外的距离来表示。

曼塞尔色立体已经被日本工业标准(JIS·Z·8721)所采纳,在工业界也得到了广泛应用。参考色立体或色样本来进行设计,可以更容易地表达设计意图,并且可以将颜色数据保存下来以备将来使用。

(5)色彩印象

人们看到颜色时会联想到各种事物。虽然每个人对颜色的印象有所不同,但大致上存在一些共同的趋势。此外,颜色通常与人的五感相互关联,颜色的感知情感包括"轻盈感""硬度与柔软度感""强度与淡度感""温度感"等,还包括颜色听觉、颜色味觉、颜色嗅觉等。

人们生活在四季变幻的自然色彩中。自古以来,人们就已经在各种生活场景中用颜色来表达不断变化的四季之美。表F-16介绍了基本颜色中常见的一般印象。

表 F-16　色彩印象

颜色	物质性印象	语言印象
红	火、血、圆日	热情、革命、生命、欢喜
橙	橘子、太阳、火焰	跃动、朝气、温暖
黄	柠檬、月亮、枯叶、黄金	希望、未来、朝气、贵重
黄绿	新芽、青草	田园、春、自然
绿	叶子、草地、苔藓	自然、安定、安全、平静
蓝	天空、海水、水	清凉、沉静、青春、寂静
蓝紫	深海、桔梗	神秘、高贵、崇高、不安、孤独
紫	紫阳花、藤、堇	高贵、优雅、古典、传统、仪式
紫红	牡丹、小豆	厚重、华丽、虚荣
白	雪、砂糖、棉、婚纱	纯白、平和、神圣、清洁、洁白
黑	夜、头发、炭	黑暗、死亡、恐惧、庄重、邪恶、悲伤

(6)色彩搭配

颜色搭配(color coordinate)指颜色的组合和协调,是表现时尚形象和主题的重要元素,是有效表达时尚形象和主题的重要元素。

在考虑颜色搭配时,有整体基调的主色、与主色搭配的辅助色以及提升整体效果的强调色。即使用相同色系的颜色,通过改变辅助色和强调色,也可以大幅改变整体形象。

(插页彩图 3)展示了常见的色彩搭配方法及它们传达的意象。在考虑色彩搭配时,要重点考虑色彩的三个特性、色调以及色彩比例,这对打造出具有视觉吸引力的服装美感是至关重要的。

1) 同色系搭配

"同系色配色"指通过将相似的颜色组合在一起来实现统一感的方法,或者是在同一颜色中以不同明度组合。这种方法可以给人一种沉稳的形象。

2) 渐变色搭配

如从白到黑的渐变过渡,以及使用同一色相、同一明度和同一饱和度的阶调变化配色方法。这种方法可以表达出平静、温和的形象效果。

3) 分离色搭配

"分离配色"指在两种颜色的中间夹杂着其他颜色。通过添加调节色,可以淡化过于强烈的颜色,突显较弱的颜色,或增加对比度等,从而产生新的视觉效果。

4) 强调色搭配

当基础颜色显得单调时,使用少量对比色来为整体配色增加亮点和活力的配色方法。通过少量使用色相和色调差异较大的颜色,可以增强整体效果。

5) 对比色搭配

在配色中使用对比鲜明的颜色进行搭配的方法。另一种方法是,即使是相近的同系色,也还可以结合具有较大明度差异的颜色,也会产生富有活力和强烈表现力的效果。

6) 多色搭配

这是一种使用多种颜色进行搭配的方法。若选择鲜艳的颜色组合,则可以表现出充满活力的形象,而若选择柔和的颜色组合,则可以营造出宁静和温柔的形象。

(7) 扩张/前进色和收缩/后退色

颜色可以通过色相、明度和饱和度产生各种不同的效果。明度和饱和度较高的颜色或暖色系的颜色会使物体看起来扩大和突出(插页彩图 4)。而明度和饱和度较低的颜色及冷色系的颜色则倾向于使物体看起来收缩和后退(插页彩图 5)。例如,穿浅粉色的衣服会让人看起来较丰满,而穿黑色的衣服会让人看起来更苗条,这就是颜色效果的体现。了解颜色的这些效果,在服装设计中加以运用会非常有帮助。

(8) 色彩辨识度

颜色的搭配能影响颜色的可视性。在单一颜色中,饱和度高且色彩鲜艳的颜色通常更加引人注目。当我们将不同颜色组合在一起时,明度、色相和饱和度之间的对比差异越大,颜色的可见度就会更高(插页彩图 6)。

例如,儿童使用的黄色雨伞或工地上的黑黄条纹标志都是高可见度的典型例子。这些可以作为提高可见度的参考。

F.6.3 形态

(1) 廓形

服装的形态构成主要包括廓形(外形)和细节(设计细节)两个要素。通过它们的巧妙组合,可以呈现出多样化的设计风格。在时尚界,廓形通常被称为"线条"或"轮廓线",与服装的流行趋势密切相关。每个季节,裙子的长度可能会延长或缩短,夹克的肩部宽度或领口也可能会加宽或变窄,修身款毛衣会风靡一段时间,然后宽松的 T 恤可能再度成为潮流。时尚是一个不断变化且反复出现的螺旋式轮回。廓形的变化因素包括服装的长度、肩宽、宽松度、剪裁线等。廓形有各种各样,但大致可以分为直线型和曲线型两类,参见前面第 3 章中图 3-6。

(2) 结构分割

在服装上,通常都会有结构性分割线。基本的分割方式包括垂直分割、水平分割、斜线分割和自由分割,这些线的粗细、宽度、方向以及强度的不同,可以带来丰富的表现效果(图 F-15)。

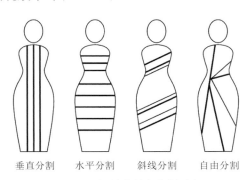

垂直分割　水平分割　斜线分割　自由分割

图 F-15　设计的基本分割形式

垂直分割可以使物品看起来比实际更长、更利索,放大高度效果。水平分割则可以使物品看起来比实际更宽,在放大宽度效果的同时还能增添稳定感。例如,篮球衫通常利用纵向条纹来使身材显得更高大,而橄榄球服通常利用横向条纹来突显肩部宽度和强壮感。

斜线分割通过其充满节奏感和动感的特点,使服装更富生气,而且增加倾斜角度还能进一步增强动感效果。自由分割则广泛使用直线和曲线,尽管可能会带来一些不平衡

感,但也能赋予服装更多独特的特色。

巧妙运用轮廓分割技巧于服装设计之中,可以创造出多样化的设计风格。

(3) 细节

服装的细节设计指在考虑服装设计时,首先确定基本轮廓的分割线,然后确定领口、袖子、袖口等基本形状。接下来确定装饰性较强的细节设计,如褶皱、荷叶边、刺绣等。细节是最能体现个人喜好的部分,设计师应充分考虑着装者的喜好并将其融入设计中。

(4) 风格

服装穿着会根据 TPO(时间、地点、场合)的不同而采用不同的搭配方式。着装的搭配,包括颜色、材料、形状、服装类型等搭配。时尚发展至今,搭配内容也扩展到了包括服装配饰、包以及发型与化妆等在内的全方位形象塑造。

通常,服装的搭配以风格图(或风格定位图)为基础,进行形象的分类,图 F-16 是其中一个典型示例。服装的形象可分为经典(传统)与前卫、精致与民俗、运动(活跃)与优雅(优美)等。如今,人们并不拘泥于一种形象,而是将几种形象融合混搭在一起,以展现自己的个性。

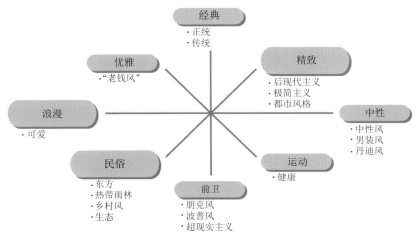

图 F-16　用于服装搭配的形象

F.7 品质管理

F.7.1 品质标识

品质管理是指在产品的规划、实验、制造等过程中，基于统计学调查，以确保产品保持一定质量水平的管理方法。在服装领域，近年来材料、加工方法、辅料等多样化使得各种类型的产品涌入市场，品质管理也变得越来越复杂。

商品开始在市场流通时，必须明确标示品质标识、使用说明标识（图示标识）、原产地标识、尺码标识等，以确保消费者了解商品的材质特性和使用方法。成分标识（图 F-17）上需要使用统一的材料名称（表 F-17），以百分比的方式表示所使用的纤维种类以及各类材料使用的比例。材料的性质在很大程度上由其组成的纤维特性和质地所决定。为了正确进行服装管理，了解所使用纤维的特性以及护理方法至关重要。

```
NO.  D5050
─────────────────
COL
      W
─────────────────
SIZE
      9
─────────────────
QUALITY
面料
  棉花        95%
  聚氨酯       5%


PRICE ￥26.000
─────────────────
     (株)○○○○○
東京都渋谷区○○○ TEL(03)0000-0000
        MADE IN JAPAN
```

图 F-17 成分标识

表 F-17 容易混淆的材质名称标识

中文名称	英文名称
毛	Wool
棉	Cotton
丝	Silk
苎麻/亚麻	Ramie、linen
聚酰胺纤维（维尼纶或尼龙）	Polyamide、Vinylon
聚酯纤维（涤纶）	Polyester
聚丙烯腈（腈纶）	Polyacrylonitrile、Cashmilon
聚丙烯纤维（丙纶）	polypropylene
聚氨酯纤维（氨纶）	polyurethane、Spandex

近年来，随着各种新材料和加工处理方法的不断涌现，关于色牢度、缩水、皮肤过敏等方面的投诉也逐渐增加。如果消费者对产品提出投诉，制造公司应该负起责任并采取相应的处理措施。这一立场基于对消费者的保护，制造物责任法（PL 法）[①]也因此应运而生。

F.7.2 洗涤标识

根据纺织产品的"品质标识法"规定，必须以图示方式清楚标明家庭洗涤时的操作方法（图 F-18）。这些图示包括洗涤、漂白、熨烫、干洗、湿洗、滚筒烘干和晾晒七项处理事项。这些标识必须在服装、毯子、床垫、披肩、窗帘、毛巾、床上用品套件等相关纺织品类上标明，它们是清洗衣物时的重要指南。

F.7.3 洗涤方法

不同的纤维材料需要采用不同的洗涤方法与方式、洗涤剂、洗涤程序、脱水和干燥方法，以及可能的熨烫方式。洗涤方法包括干洗和湿洗两种。

---

① PL 法（制造物责任法）：是一项法规，规定了制造商对于其产品的质量和安全负有法律责任，以保护消费者权益。它规定了制造商等在因其制造、加工、进口或提供带有特定标识的产品而导致他人生命、身体或财产受损时，无论是否存在过失，都有责任赔偿由此造成的损害。

清洗方法	漂白处理	滚筒烘干
机洗水温最高60 ℃	可以使用氯漂白剂和氧漂白剂进行漂白	可以进行烘干处理（排气温度上限80度）
机洗水温不超过60 ℃，轻洗	可以使用氧漂白剂，但禁止使用氯漂白剂	可以在较低温度下烘干（排气温度上限60度）
机洗水温最高50 ℃	无法进行漂白处理	禁止烘干

清洗方法

机洗水温最高60 ℃

机洗水温不超过60 ℃，轻洗

机洗水温最高50 ℃

机洗水温不超过50 ℃，轻洗

机洗水温最高40 ℃

机洗水温不超过40 ℃，轻洗

机洗水温不超过40 ℃，弱洗

机洗水温最高30 ℃

机洗水温不超过30 ℃，轻洗

机洗水温不超过30 ℃，弱洗

水温不超过40 ℃手洗

无法在家中清洗

漂白处理

可以使用氯漂白剂和氧漂白剂进行漂白

可以使用氧漂白剂，但禁止使用氯漂白剂

无法进行漂白处理

水洗

可以进行水洗

可以进行轻洗

可进行柔洗

禁止水洗

干洗

可以用四氯乙烯和石油溶剂进行干洗

可以用四氯乙烯和石油溶剂进行轻干洗

可以用石油溶剂干洗

可以用石油溶剂进行温和干洗

禁止干洗

滚筒烘干

可以进行烘干处理（排气温度上限80度）

可以在较低温度下烘干（排气温度上限60度）

禁止烘干

晾干方法

悬挂晾干

阴凉处晾干

湿挂晾干

阴凉处湿挂晾干

平铺晾干

阴凉处平铺晾干

平铺湿晾干

阴凉处平铺湿晾干

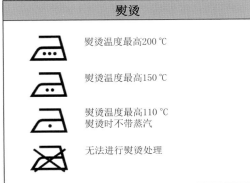

熨烫

熨烫温度最高200 ℃

熨烫温度最高150 ℃

熨烫温度最高110 ℃
熨烫时不带蒸汽

无法进行熨烫处理

图 F-18　洗涤标识

干洗是一种使用有机溶剂的清洗方法，因此适用于那些对碱性敏感的材料，如毛和丝绸等，这些材料如果用水洗可能会收缩或变形。干洗具有一些优点，如有效去除油污和不易褪色，但也存在一些缺点，如难以清洗水溶性污渍。

湿洗也称为水洗，是一种使用水膨胀并去除污渍的清洗方法。在家庭中，通常会采用水洗的方式,通过搅拌来去除污渍。在使用之前,最好确认纤维的种类和洗涤注意事项。

F.7.4　去污渍的方法

通常在洗涤过程中无法去除的污渍,需要通过"去渍"方法去除。不同类型的污渍、附着方式和织物种类对去渍方法有着不同的要求。作为紧急处理,水溶性污渍可以在污渍上方放置毛巾或手帕,并用浸湿的布轻轻拍打,然后进行洗涤。而油溶性污渍则需要先用纸巾或布将污渍吸掉,然后再进行洗涤。一般情况下,新的污渍相对容易清除,因此应尽快采取措施清洗。(表F-18)。

表 F-18　去污渍的方法

污渍种类	一次处理	二次处理
汗渍	水洗	用挥发性溶剂擦拭,然后用氨水或醋水清洗
领口污渍	用挥发性溶剂清洗	使用肥皂或氨水浸湿刷子后清洗
母乳污渍	用水、洗衣液清洗	使用挥发性溶剂擦拭,然后用肥皂水和氨水洗涤
排泄物污渍	水洗	用氨水清洗,浸泡在氢氧化铵水中
血液污渍	用水、洗衣液清洗	用氨水清洗,用酒精清洗
茶、咖啡污渍	用水、洗衣液清洗	用5%~10%的氨水洗涤,用2%的氢氧化铵水清洗
酱油、酱料污渍	用水、洗衣液清洗	使用酒精、洗涤剂,或浸泡在2%的氢氧化铵水或5%~10%的氨水中清洗
酒、啤酒污渍	用温水、氨水清洗	使用醋酸和酒精混合液进行清洗
牛奶、鸡蛋污渍	用水、洗衣液、温水清洗	使用挥发性溶剂擦拭,用氨水清洗
口香糖污渍	用冰冷却并将黏在面料表面部分去掉,再用汽油洗	用丙酮、甲苯等溶剂处理
口红、腮红污渍	用洗衣液、挥发性溶剂清洗	使用氨水清洗,用酒精去除染料,用酒精拍打,用汽油洗涤
油性笔、油漆污渍	用挥发性油、溶剂或汽油等来擦拭	使用四氯化碳擦拭。用小刀刮除,用蒸汽软化后用挥发油擦拭。油漆和颜料可以使用松节油擦拭,用汽油擦拭。也可使用丙酮、醋酸酰进行处理
墨汁污渍	用水、洗衣液、温水清洗	用海藻胶、米粒或鸟粪揉擦

F.7.5　处理破损或调整尺寸的方法

随着衣物的反复穿脱,服装上的扣子、挂钩、拉链等零部件可能会松动、磨损,衣料也可能会在穿着过程中被勾破。为此,需要储存一些备用的配件和布料等以进行修补。此外,随着年龄的增长,人体体型会发生变化,因此可能会需要对服装尺寸进行适当的修改。

对于定制的服装,建议留出额外的布料裁剪余量。如果是市场上售卖的成衣,那么裁剪余量较少,此时也可以考虑使用不同的布料进行改造(图F-19)。

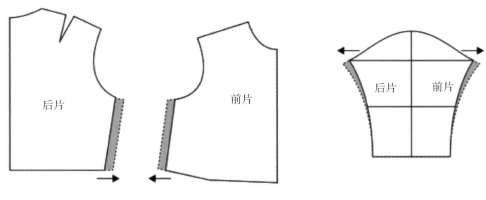

加大衣身宽度

将前后衣身宽度按照所需要加宽的尺寸平行放出，并相应地修正袖隆尺寸

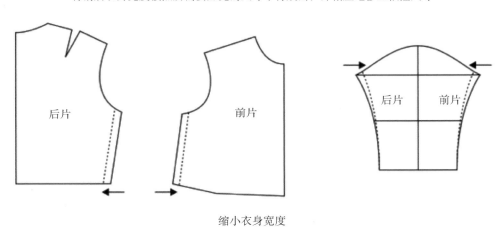

缩小衣身宽度

将前后衣身宽度按照所需要缩减的尺寸平行缩减，并相应地修正袖隆尺寸

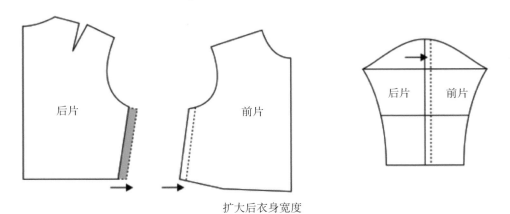

扩大后衣身宽度

若需增加后衣身宽，则首先要减少前衣身宽，然后将后身宽平行放出，并对齐袖山与袖隆底部，进行修正

图 F-19　衣身宽度修正

● 图/表/照片资料来源

・卷首彩图 ・小筱弘子服装秀"GET YOUR STYLE！"。来源：神户 Fashion 美术馆(2019)
  ・见寺贞子作品 设计监修：见寺贞子。制作者：韩先林。摄影：森田彩香。模特：大久保美希、韩先林、高桥实来、高嶋宏之
  ・使用轮椅的男性。照片提供：tenbo 设计事务所。设计：鹤田能史。模特：寺田涌将(轮椅模特)

第1章
・照片 1-8　神户・通用卫生间。照片提供：神户市
・图 1-1　可持续发展目标。来源：2019 年环境省(法人编号：1000012110001)
・图 1-2　人口老龄化速度的国际对比。来源：(日本)国立社会保障・人类问题研究所，《人口统计资料集》(2018 年)
・图 1-3　环保图标
  左上　Eco Mark。来源：Eco Mark(公财)日本环境协会
  左下　铝罐回收标志。来源：(公社)食品容器环境美化协会
  右上　牛奶纸包装再利用标志。来源：牛奶包装再利用标志促进协议会
  右下　塑料瓶回收标志。来源：PET 塑料回收推进协议会

第3章
・图 3-1　根据麦拉宾法则制作
・图 3-2　老年人的身体特征。来源：斋藤一、远藤幸男根据"老年人的劳动能力(劳动科学研究所 1980)"制作
・图 3-3　随年龄变化的体型。根据华歌尔股份有限公司资料制作，制作者：足立优、河津花厘
・图 3-4～3-6　来源：《通用服装设计》，田中直人、见寺贞子著，(日本)中央法规出版社，2002 年

第4章
・图 4-1　根据残疾人白皮书 2013 年版(内阁府)制作。制作者：笹崎绫野

第5章
・表 5-1、图 5-1～5-8、图 5-12～5-37　来源：《通用服装设计》，田中直人、见寺贞子著，(日本)中央法规出版社，2002 年
・图 5-9～5.11　腰臀比例差小的人。制作者：足立优、河津花厘

第6章
・照片 6-1　3D 服装设计系统 SDS-ONE APEX4。照片提供：岛精机制作所股份有限公司

・照片 6-2　全针型针织机 MACH2XS123。照片提供：岛精机制作所股份有限公司
・照片 6-3　3D 人体测量。图片提供：华歌尔股份有限公司
・照片 6-4　易于穿脱的文胸。照片提供：华歌尔股份有限公司
・照片 6-5　拉链 "click-TRAK"。照片提供：YKK 股份有限公司
・照片 6-6　TOMMY HILFIGER 2019。照片提供：f 计划・steve wood 股份有限公司
・照片 6-7　小筱弘子时装秀"GET YOUR STYLE！"。照片提供：小筱弘子股份有限公司
・照片 6-8　面向患有罕见疾病儿童的服装。照片提供：tenbo 设计事务所。设计：鹤田能史。摄影：Yuka Uemura。(左上)模特：奈奈美(阿佩尔氏综合症 tenbo 专属模特)。(右上)模特：Kazuha(唐氏综合症 tenbo 专属模特)。(下)模特：从左至右依次是：莱姆(白化症 tenbo 专属模特)，奈奈美(阿佩尔氏综合症 tenbo 专属模特)，莉爱(tenbo 专属模特)/莉佳
・照片 6-9　《Advanced Style》纽约高级时尚街拍。作者：Ari Seth Cohen。译者：Hiroka Okano(大和书房)
・照片 6-10　《OVER 60 街拍：无论年龄，成为自己所憧憬的那个人》。来源：MASA & MARI(《主妇之友》)

第7章
・照片 7-7　神户 UD 大学。照片提供：公益财团法人神户市民福祉振兴协会
・照片 7-9　KOBE 轮椅无处不在。照片提供：神户市
・照片 7-10　原创乡村品牌产品"神户幸品"。照片提供：公益财团法人神户市民福祉振兴协会
・照片 7-11　艺术原创产品、急救包手 & 工艺品。照片提供：公益财团法人神户市民福祉振兴协会
・照片 7-12　KIITO 成人裁剪室。招贴设计：神崎奈津子
・照片 7-19　反光球。设计者：见明畅
・照片 7-20　带有反光标识的环保袋。设计者：町田奈美
・照片 7-30　面向新会员的海报。照片提供：生活协同组织 CO•OP 神户
・图 7-1　车速与能见度之间的关系。来源：一般社团法人日本发光材料普及协会
・图 7-2　《他们的街巷》海报。图片提供：风乐创作事务所
・图 7-3　Co•op Kobe 的人气角色 "Kosuke"(科苏克熊)。图片提供：生活协同组织 CO•OP 神户
・图 7-4　中国和日本中老年女性的体形比较。制作者：詹瑾

第8章
・图 8-1　"产官学民"合作机制。制作者：铃木彻

● 引用文献

[1] 环境省可持续发展目标(SDGs)使用指南. https://www.env.go.jp/policy/SDGsguide-gaiyou.rev.pdf
[2] 环境省政策部门行政活动 地球环境・国际环境协助. http://www.env.go.jp/earth/sdgs/index.html
[3] 经济产业省:多样化经营的推进. https://www.meti.go.jp/policy/economy/jinzai/diversity/index.html
[4] 纤维产业课题与经济产业省举措. 2018 年 6 月经济产业省制造产业局生活制品部门. https://www.meti.go.jp/policy/mono_info_service/mono/fiber/pdf/180620seni_kadai_torikumi_r.pdf
[5] 2018 年老龄社会白皮书. 内阁府. https://www8.cao.go.jp/kourei/whitepaper/w-2018/zenbun/30pdf_index.html
[6] 2019 年版残障者白皮书. 内阁府. https://www8.cao.go.jp/shougai/whitepaper/r01hakusho/zenbun/index-pdf.html

● 协助企业

- 小筱弘子股份有限公司
  地址:151-0051 东京都涩谷区 千驮谷 3-4-9
  电话:03-5474-2933 传真. 03-5474-3770
  http://www.hirokokoshino.com

- BEAMS 股份有限公司
  地址:东京都涩谷区神宫前 1-5-8 神宫前 Tower Building
  电话:03-3470-2184
  http://www.beams.co.jp/

- 岛精机制作所股份有限公司
  地址:641-8511 和歌山市坂田 85
  电话: TEL.073-471-0511
  https://www.shimaseiki.co.jp/

- 华歌尔股份有限公司
  地址:601-8530 京都市南区吉祥院中岛町 29
  电话:075-682-1006 传真:075-682-1103
  https://www.wacoalholdings.jp/

- YKK 股份有限公司
  地址:110-0016 东京都台东区台东 1-31-7PMO 秋叶原北
  电话:03-3837-9405 传真:03-3837-9456
  https://www.ykk.co.jp/japanese/business/fastening.html

- f 计划・steve wood 股份有限公司
  地址:162-0842 东京都新宿区市谷砂土原町 3-8-3-306
  电话:03-3267-4119 传真:03-3267-4129
  https://f-fiori-cafe.com/company/

- tenbo 设计事务所
  地址:东京都调布市仙川町 1-48-1-502
  电话:03-6279-6124 传真:03-6279-6124
  https://www.tenbo.tokyo/

- 生活协同组织 CO・OP 神户
  地址:658-8555 神户市东滩区住吉本町 1 丁目 3 番 19 号
  电话:078-856-1003
  https://www.kobe.coop.or.jp/

- PLANET 股份有限公司
  地址:60-0003 爱知县名古屋市中区锦 1-19-25 名古屋第一大厦 别馆 4F
  电话:052-219-7161 传真:052-219-7165
  http://www.cosme-planet.co.jp/

- 大和书房股份有限公司
  地址:112-0014 东京都文京区关口 1-33-4
  电话:03-3203-4511
  http://www.daiwashobo.co.jp/

- 主妇之友社股份有限公司
  地址:112-0014 东京都文京区关口 1-44-10
  电话:03-5280-7500
  https://shufunotomo.co.jp/

后记

服装设计于我来说是一个很"酷"的行业,这个"酷"体现在从最开始的脖子上挂着软尺、手中拿裁剪刀的设计师形象,到T台上动感的音乐以及由完美身材比例的模特们展现各种新奇时髦造型的款式带来的震撼,但自从进入见寺贞子老师的研究室开始,我对此就有了完全不同的认识。下地种有机蔬菜,参观各种不同类型的福利院,与长者们的研讨交流会,与建筑专业、漫画专业等混合的学习课程,所有这些看似与"时尚"毫不相关的事情让我刷新了对"时装设计"的认知,也让我从服装的角度深刻体会到了什么是"以人为本"、"通用型、包容性社会"以及"大家好才是真的好"的含义。

当我亲眼看到因残障或年老而自卑的受试者们,穿上为他们设计的服饰而露出害羞的笑容或因为惊喜而眼中泛光的神情时,我明白了成为一个"酷"设计师最基本的责任与担当,这也让我对在"衣食住行"中排在人类最基本需求首位的"衣"的作用有了全新的认识。

现在,设计师们的工作也逐渐不再局限于设计某一特定门类,更多地是与其他专业有所交融,更有效地解决问题,实现创新。本书中的内容是基于见寺贞子老师通过日本"阪神大地震"后对"时尚"与"服装"的反思,重返校园进行20余年的教学、研究与实践的精华。从2013年指导我完成博士毕业后希望写这本书,到本书中文版出版历时10余年。本书的初衷不仅仅是期望通过文字与时尚领域的专业人士、学者进行交流,也希望普通人能够通过书中的内容更多地关注我们自身以及身边有需要的人士,以"衣"为媒,促进一个有爱的、包容的、每个人都能幸福的社会环境。

本书中文版得以顺利出版,要感谢东华大学的朱达辉老师给予的交流、学习及一起研讨的机会。特别感激他对于通用服饰设计的解读、独到的研究与实践经验以及对本书原稿文字的编排,促成了本书中文版的出版。

并衷心感谢东华大学出版社的谭英老师,对本书的支持和欣赏,一路指导与陪伴至本书中文版的完成。

最后,也谨以此书致敬于2024年3月荣退的见寺贞子老师,感谢她在我留学期间的谆谆教诲与鼓励。

詹瑾
2024年4月 于北京